科普重庆 kepuchongqing　新时代市民科学素质读本

应急避险知多少

U0224192

重庆市科学技术协会
重庆市应急管理局 编
重庆市全民科学素质纲要实施工作办公室

重庆出版集团 重庆出版社

图书在版编目（CIP）数据

应急避险知多少 / 重庆市科学技术协会,重庆市应急管理局,重庆市全民科学素质纲要实施工作办公室编. —重庆:重庆出版社,2020.7
（新时代市民科学素质读本）

ISBN 978-7-229-15127-0

Ⅰ.①应… Ⅱ.①重… ②重… ③重… Ⅲ.①灾害—自救互救—普及读物 Ⅳ.①X4-49

中国版本图书馆 CIP 数据核字（2020）第 116111 号

应急避险知多少
YINGJI BIXIAN ZHI DUOSHAO

重 庆 市 科 学 技 术 协 会
重 庆 市 应 急 管 理 局 编
重庆市全民科学素质纲要实施工作办公室

责任编辑：吴向阳　陈　婷
责任校对：刘　艳
装帧设计：毛代洪　王朝阳　吴　璇

 重 庆 出 版 集 团 出版
重 庆 出 版 社

重庆市南岸区南滨路 162 号 1 幢　邮政编码：400061　http://www.cqph.com
重庆市鹏程印务有限公司印刷
重庆出版集团图书发行有限公司发行
全国新华书店经销

开本：889mm×1194mm　1/32　印张：6.5　字数：200 千
2020 年 7 月第 1 版　2020 年 7 月第 1 次印刷
ISBN 978-7-229-15127-0
定价：28.00 元

如有印装质量问题，请向本集团图书发行有限公司调换：023-61520678

编委会

编者的话

习近平总书记指出，科技创新、科学普及是实现创新发展的两翼，要把科学普及放在与科技创新同等重要的位置。习近平总书记的重要指示，把科学普及工作提到了前所未有的战略高度，为加强新时代科学普及工作指明了前进方向，提供了根本遵循。强基固本才能根深叶茂，厚植沃土才能百花齐放。市民科学素质是社会文明的重要标志和国家创新能力的社会基础，关乎一个国家综合国力的发展。市民科学素质提升离不开科学普及，做好科学普及工作是各级党委政府和科协组织、科技工作者的重大责任和历史使命。

近年来，重庆市委、市政府高度重视科学普及工作，为提高全市市民科学素质提供了有力保障。根据第 10 次中国市民科学素质调查结果，2018 年重庆市民具备科学素质的比例达到 8.01%，位居全国第 16 位，比 2015年提高 3.27 个百分点，跃升 6 个位次，增幅居全国第一；与同期全国平均水平的差距从 1.46 个百分点缩小到 0.46个百分点。但我们也要清醒认识到，重庆市民具备科学素质的比例仍低于全国平均水平 0.46 个百分点，而且城乡差距、区域之间的差距较大，要实现到 2020 年全市市民具备科学素质比例超过 10% 的目标仍需付出艰辛努力。

积跬步以行千里，致广大而尽精微。提升市民科学素质，需要发扬钉钉子精神，绵绵用力、久久为功，持续强化优质科普资源供给，切实增强人民群众的科普获得感。为此，针对不少群众不了解、不会用新科技，为了健康常常购药上当受骗，面对突发灾难不懂防范等现实状况，重庆市科学技术协会组织科普专家编写了新时代市民科学素质读本系列丛书——《高新科技知多少》《健康真相知多少》《应急避险知多少》。这一系列科学权威、通俗易懂、简单好学的科普知识读本，聚焦目前社会关注度较高、谬误较多的知识点，进行科学解析、还原真相、澄清认识，说百姓话，讲身边事，论实在理，力争成为人民群众的科普"口袋书""必备书"，为提高重庆乃至全国市民科学素质作出贡献。

在系列丛书编撰过程中，编委会成员对丛书的结构和内容设置投入了巨大心血，也广泛征求了各方的意见和建议。但百密必有一疏，书中错误之处在所难免，敬请广大读者批评指正。我们一定诚恳接受，加以完善，推出更加严谨优质的科普读物，满足读者的阅读需求。

目 录

第二部分　　事故灾难

第三部分　安全与生活

YINGJI BIXIAN ZHI DUOSHAO

第四部分　　自救互救常识

PART ONE / 第一部分

自然灾害

应急避险知多少 YINGJI BIXIAN ZHI DUOSHAO

第一章 地震避险与自救

地震又称地动、地振动，是地壳快速释放能量过程中造成振动，产生地震波的一种自然现象。目前，人类尚不能阻止地震的发生。中国自古以来是个地震多发的国家，唐山地震、汶川地震、玉树地震等都给震区人民群众的生命及财产造成了巨大损失。因此，做好防灾减灾工作尤其重要。

地震发生的前兆

地震前，在自然界发生的与地震有关的异常现象，我们称之为地震前兆，它包括微观地震前兆和宏观地震前兆两大类。微观地震前兆是指人的感官无法觉察，需用专业仪器才能测量到的震前征兆。例如，地面倾斜，海平面的升降，地下水化学成分的变化，地震波传播速度的变化，地磁、地电、地温和重力等地球物理场的变化等，这些都是微观地震前兆。宏观地震前兆是指人的感官能直接觉察到的震前征兆。例如，地下水、井水出现异常现象，动物的异常现象，临震前的地声和地光等，这些现象都是宏观地震前兆。下面是一些宏观地震前兆的表现。

◈地下水出现异常现象

地下岩层受到挤压或拉伸，使地下水位上升或下降；或者使地壳内部气体和某些物质随水溢出，而使地下水冒泡、发浑、变味等。

民间有谚语道："井水是个宝，前兆来得早；无雨泉水浑，天干井水冒；水位升降大，翻花冒气泡；有的变颜色，有的变味道。"

◈动物出现异常现象

许多动物的某些器官感觉特别灵敏，它们能比人类提前知道一些灾害事件的发生。伴随地震而产生的物理、化学变化（振动、电、磁、气象、水氡异常等），往往能使一些动物的某种感觉器官受到刺激而发生异常反应。那些感觉十分灵敏的动物，在感触到这种变化时，便会惊恐万分，以至于出现冬蛇出洞、鱼跃水面、猪牛跳圈、狗哭狼嚎等异常现象。

牛、马、驴、骡：惊慌不安、不进厩、不进食、乱闹乱叫、行走中突然惊跑。

猪：不进圈、不吃食、乱闹乱叫、拱圈、越圈外逃。

狗：狂吠不休、嗅地扒地、乱跑乱闹、不听指令、叼着狗崽搬家。

猫：惊慌不安、叼着猫崽搬家上树。

兔：不吃草、在窝内乱闹乱叫、惊逃出窝。

鸭、鹅：白天不下水、晚上不进架、不吃食、紧跟主人、惊叫、高飞。

鸡：不进架、撞架、在架内闹、上树。

鸽：不进巢、栖于屋外、突然惊起倾巢而飞。

鼠：白天成群出洞、不怕人、惊恐乱窜、叼着小鼠搬家。

鱼：成群漂浮、狂游、跳出水面，缸养的鱼乱跳、头尾碰出血、跳出缸外、发出叫声、呆滞、死亡。

蟾蜍（癞蛤蟆）：成群出洞。

地光和地声异常

地光和地声是地震前夕或地震时，从地下或地面发出的光亮及声音，是重要的临震预兆。

地震来了怎么办

　　震前震后，你都不要听信和传播谣言。你平时要熟悉地震知识，掌握基本的避震方法。

　　日常生活中，你应具备避震的防范意识，提前准备好食物、水、手电筒、毛巾、简便衣物、塑料布和简易帐篷、收音机、呼叫机、手机等，对煤气、电闸等做好关闭的应急准备。

　　易燃易爆、剧毒物品不宜放在室内，要妥善安置。

　　较高的家具顶上不堆放笨重、易碎、液体等物品。

　　房屋正门、楼道、走廊内不堆放杂物，以利于人员疏散。

　　地震预警后，要听从当地政府的指挥，按指定路线和指定地点疏散。

应急避震措施

家住楼房的避震措施

　　如你在家里（公寓、楼房）遇到地震，应牢记：一判断，二躲避，三疏散。

　　一判断：判断是近震还是远震。如果是远震，你感觉晃动停止后，才能去打听这次地震的消息（如震级、震源地）。如果是近震，你首先会感到上下剧烈颠动，此时就要立刻采取应急避震行动，绝对不能迟疑。

二躲避：你应迅速躲在坚固的床沿、卫生间、小厨房、小储藏间、内承重墙的墙角或墙根、固定好的大衣柜等旁边。

躲避的姿势：你的身体应尽量蜷曲缩小、卧倒或蹲下，随手用物件护住头部、捂住口鼻，另一手抓住一个固定物（墙角或桌角）。如果没有任何可抓的固定物和保护头部的物件，你则应采取自我保护的姿势，头尽量向胸部靠拢，闭口，双手交叉放在脖后，保护头部或颈部，以免砸伤脑袋或被泥沙烟尘呛住。

三疏散：摇晃一停止，你应立刻离开住所，疏散到空旷安全地带。

家住平房避震措施

当近震发生时，你应能逃先逃，难逃则躲。

能逃先逃：如果你的位置距离房门较近，并且通道畅通，应该立即逃至房外。外逃时，你最好头顶被子、枕头，或戴安全帽。

难逃则躲：如果你的位置距离房门较远，或者室内房间布局复杂，通道狭窄曲折，外逃困难时，应立即在室内避震。你要迅速躲在桌子或床旁边、炕沿下或其他理想的地方。在室内避震时，你要远离窗户和房顶大梁，不要靠近碎砖墙体。

身处室外避震措施

1. 在室外活动的人群，要迅速环顾四周，根据所处的

位置，快速转移到安全地带，特别注意要远离建筑物，不要进入建筑物取物或救人。

2.在街道上的行人，要迅速离开电线杆、路灯、变压器、烟囱、高大建筑物等危险设施、设备，不靠近围墙、狭窄通道等。

3.在过街桥或立交桥下的行人，要迅速远离桥下，跑到开阔的地方，或根据实际情况，选择近处有利地点躲避。

4.开车行驶中的驾驶员，要采取紧急制动措施，缓慢地逐渐刹车，将车辆停靠在路边或宽阔地带。车上的乘客要抓住车中的座椅，或就地蹲下，抓住其他牢固的物件。

5.江河中航行的船只，要立即停止航行，或者马上就近靠岸。

6.在山区的人们，要远离陡崖，密切注意是否有山崩、滑坡、泥石流现象的征兆。当出现这些迹象时，应立即向垂直于山崩、滑坡、泥石流前进方向横向撤离，切忌顺着山崩、滑坡、泥石流方向往前面山下跑。

7.处在石化、煤化、天然气等易爆、有毒的设施附近的人们，要迅速离开。当遇到毒气泄漏时，大家要用湿毛巾捂住口鼻，向逆风方向奔跑；当遇到易燃气体泄漏时，大家要用湿毛巾捂住口鼻，待地震停止后，迅速离开，同时切忌使用明火，以防易燃气体爆炸燃烧。

地震发生时的自救技巧

1.地震后，往往还会有多次余震发生，你的处境可能继续恶化，为了避免遭到新的伤害，你要尽量改善自己所处的环境。

在极为不利的环境下，你首先要保持呼吸畅通，挪开头部、胸部的杂物，如闻到煤气、毒气时，可用湿衣服、湿毛巾等物捂住口、鼻。

2.设法脱离险境。你可尽量避开身体上方不结实的倒塌物和其他容易引起掉落的物体；扩大和稳定生存空间，用砖块、木棍等支撑残垣断壁，以防余震发生后，所处环境进一步恶化。

3. 如果你找不到脱离险境的通道，应尽量保存体力，用石块敲击能发出声响的物体，向外发出呼救信号，切忌哭喊、急躁和盲目行动，这样会大量消耗精力和体力。同时你应尽可能控制自己的情绪，或选择闭目休息，等待救援人员的到来。

4. 如果受伤，你要尽量想法为自己进行包扎，避免流血过多，以维持生命力。如果被埋在废墟下的时间比较长，救援人员未到，或者没有听到呼救信号，你就要想办法维持自己的生命，防震包里的水和食品一定要节约，尽量寻找食品和饮用水，必要时自己的尿液也能起到解渴的作用。

地震后的简易救治方法

出血、砸伤和挤压伤是地震中常见的伤害。

1. 如果发生创伤，你首先应进行止血救助，然后抬高受伤肢体，同时呼救。

2. 有骨折现象时，不应作现场复位，以防止组织再度受伤，一般常用清洁纱布覆盖创面，作简单固定后再进行转运。有条件的情况下，应尽快送医院进一步处理伤情。

3. 在处理挤压伤时，应设法尽快解除重压状况。

4. 对大面积创伤和严重创伤者，要保持创伤面的清洁，用干净纱布包扎创伤面，同时还可令伤者口服糖水或盐水，预防休克的发生。

第二章 暴雨避险与自救

我国气象标准规定，24 小时降水量为 50 毫米或以上的雨称为暴雨。降雨量每日超过 100 毫米的为大暴雨，超过 250 毫米的为特大暴雨。由于各地降水和地形特点不等，所以各地暴雨洪涝的标准也有所不同。在暴雨来临时，如何做才最安全?

暴雨的危害和安全避险方法

暴雨的主要危害

1.导致江河湖泊水位暴涨，淹没农作物，冲毁农田，造成农作物减产或绝收。

2.冲毁道路、桥梁、房屋、通讯设施、水利设施，冲垮堤岸堤坝，造成江河水库决口，酿成洪灾。

3.引起山洪暴发、山体滑坡和城市内涝，直接威胁人民群众的生命财产安全。

4.造成严重的水土流失，影响生态环境。

暴雨来临前应做好哪些准备

1. 日常应避免将垃圾、杂物丢入下水道、雨水井等排水设施中，以防堵塞导致暴雨时积水成灾。

2. 对危险地带的人员进行紧急疏散，如危旧房中的居民、低洼易积水住宅的居民等。

3. 关紧门窗，对花盆、广告牌等易滑落物体进行加固、搬除，妥善安置室外物品。

4. 检查电路、炉火等设施，对于可能接触到积水的开关、插座提前进行拆除、封堵。

5. 小区、商场、公司等相关部门按照职责做好防暴雨应急工作，注意地下室、车库等地下空间的排水畅通。

6. 密切关注城市排水系统、农田、鱼塘、易淹区域的水位，提前做好预防排水措施。

7. 相关应急处置部门和抢险单位加强值班，密切监视灾情，落实应对措施。

◉暴雨来临时身在室外怎么办

1. 暴雨来临前，你要找到一个地势较高的安全地方避雨，并停留至暴雨结束为止。暴雨中的安全地方是指牢固的建筑物和地势较高的建筑物。

2. 暴雨开始时，你应就近寻找地势较高的牢固建筑物躲避暴雨，并尽可能联络家人，告知你的具体位置，以备出现突发情况时方便救援。

3. 路面开始浸水时，请你不要贸然涉水，即使停在路中淋雨也不要试图过水。

4. 暴雨伴随雷电时，注意防雷。你应尽量待在安全的建筑物中，保持身体干燥。如果无建筑物可躲避，你只能在户外淋雨时，切忌站在树和电线杆下，同时请把手中的雨伞扔掉。此外，此时在室外切勿使用手机。

5. 暴雨持续时，你应及时评估藏身之处的安全性，尤其是在容易发生泥石流的地区。请你保持警惕，注意外界动向，以方便随时更换躲避的场所。

6. 在躲避暴雨时，你要远离建筑工地的临时围墙和建在山坡上的围墙，也不要站在不牢固的临时建筑物旁边。

如何应对暴雨造成的内涝

当内涝积水超过 20 厘米时，行人步行困难；超过 30 厘米时，自行车、小轿车难以行驶；超过 80 厘米时，交通基本瘫痪。内涝事故易发，做好应对措施，才能有备无患。

内涝的防范与应对

1. 夏季时暴雨频发，我国有些城市会出现内涝现象，要随时关注天气预报情况。

2. 进入汛期后，如果有暴雨预报时，不提倡群众骑车和开私家车出行，因为城市内涝很有可能会损坏车辆。

3. 在暴雨来临前，你要找个地势较高的安全地方避雨，并停留至暴雨结束为止。同时，你应尽可能与家人保持联系，告之相关位置等情况。

4. 路面开始浸水时，请你不要冒险涉水，谨防部分井盖被掀起，使人无法察觉而遇险。如发现高压线铁塔倾倒、电线低垂或断折等情况，你要立即远离，不可触摸或接近，以防触电。

5. 受到内涝威胁时，如果时间充裕，你应尽快向楼顶、站台等高处转移。如已受到洪水包围的情况下，你要尽可能利用船只、木排、门板、木床等，立即进行水上转移。如洪水来势凶猛，已经来不及转移时，你要立即就近爬上高楼屋顶、高墙等进行暂时避险，等待救援，切忌单独游水转移。

🔊家中积水应对措施

1. 若家中开始出现积水，并有可能出现内涝时，你首先应该关掉电闸，沿着行洪道反方向两侧快速躲避逃跑，或者转移至较高地带，实在来不及转移时还可以爬上房梁、屋顶等处暂时避险。

2. 如果家庭成员都被内涝困住，可将所有人的手机集中起来，只留一个开机，尽可能保证寻求外界救援的通讯渠道能更长时间畅通。

3. 如果通信工具无法正常使用，大家可借助烟火、光照、燃烧衣物等方法，让救援人员知道你的所在位置。

🔊低洼地区危旧房居民的自救

1. 身处危旧平房的居民，暴雨时不要在屋内停留，要迅速撤离，寻找安全坚固的避险场所，避免落入水中。

2. 避险场所最好选择就近的高地、楼顶，如果你来不及转移，也不必惊慌，可向高处转移，等候救援人员营救。

3. 如在郊区，找不到较高的建筑物时，你可尽量向高处移动。

4. 在危旧房居住的居民，日常要注意观察房屋的质量情况，如出现漏雨、渗水情况，要及时通知房管部门维修。

5. 地势低洼的居民住宅区，可因地制宜采取"小包围"措施，如砌围墙、大门放置挡水板、配置小型抽水泵等，防止出现积水。

6. 底楼居民家中的插座、开关等应移装在离地 1 米以上的安全地方。

第三章　洪水避险与自救

洪水灾害多发生在夏季汛期，常见于低海拔地区。洪水常威胁人们的生命财产安全，懂得一些自救知识，在关键时刻能挽救生命。人们遇到洪水时应如何自救逃生？

PART ONE

洪水自救与逃生方法

1. 如果遇到洪水，你来不及转移到安全地点，也不必惊慌，你可向高处（如结实的楼房顶、大树上）逃生，等候救援人员营救。

2. 为防止洪水涌入屋内，要设法堵住大门下面所有空隙。最好在门槛外侧放上沙袋，沙袋可用麻袋、草袋或布袋、塑料袋，里面塞满沙子、泥土、碎石。

3. 如果洪水不断上涨，应在楼上储备一些食物、饮用水、保暖衣物以及烧开水的用具。

4. 如果洪水泛滥严重，水位不断上涨，你必须想方设法自制木筏逃生。任何入水能浮的东西，如床板、箱子、柜、门板等，都可用来制作木筏。如果你一时找不到绳子，可用床单、被单等撕成布条来代替。

5. 在爬上木筏之前，你一定要试试木筏能否漂浮，同时收集食品、发信号用具（如哨子、手电筒、旗帜、鲜艳的床单）、划桨等必不可少的东西。在离开房屋漂浮之前，你要尽量吃些食物和喝些热饮料，以增强体力。

6. 你在离开家门之前，切记关闭煤气阀、电源总开关等。

7. 被洪水冲走或落入水中时，要保持镇定，尽量抓住水中漂流的木板、箱子、衣柜等物。如果离岸较远，周围又没有其他人或船只，就不要盲目游动，以免体力消耗殆尽。

突遇山洪的避险技巧

1. 突遇山洪时，一定要保持冷静，迅速判断周边环境，尽快向山上或较高地方转移；如一时躲避不了，应选择一个相对安全的地方躲避洪水。

2. 不要沿着行洪道方向跑，而要向两侧快速躲避。

3. 千万不要轻易尝试涉水过河。

4. 被山洪困在山中时，应想方设法寻求救援。

第四章 ▶ 泥石流避险与自救

泥石流在山区多发易发，是由降水（包括暴雨、冰川、积雪融化水等）在沟谷或山坡上产生的一种夹带大量泥沙、石块等固体物质向下移动的地质现象。

PART ONE

泥石流发生前兆

1. 河水异常。连续暴雨后，如果河（沟）床中正常流水突然断流或洪水突然增大，河水变得非常浑浊并夹有较多的柴草、树木时，说明河（沟）上游可能已形成泥石流。

2. 光线变暗。沟谷深处突然变得昏暗，并有轻微震动感。

3. 异常声响。如果你在山上听到沙沙的声音，但却找不到声音的来源，这可能是沙石松动、流动发出的声音，是泥石流即将发生的征兆。如果山沟或深谷中发出轰鸣的声音或有轻微的震动感，说明泥石流正在形成，大家必须迅速离开危险地段。

4.其他异常情况。如道路出现龟裂，树木、篱笆等突然倾斜，雨下个不停或是雨刚停下来而溪水水位却急速下降等，均有可能是泥石流前兆。

遇到泥石流时如何逃生

1.遇到泥石流时，你千万不要上树躲避，也不要停留在陡坡土层较厚的低凹处或躲在滚石、乱石堆后，更不能顺着沟谷往上或往下跑，因为发生泥石流时树木会被连根卷起，土石块也会被挟裹着往沟谷里倾泻。

2.在山谷中遇到强降雨发生泥石流的时候，你不要惊慌，也不要顺着泥石流的方向逃生。你要果断地判断出安全路径逃生，要选择与泥石流垂直的方向往两边的山坡上逃，爬得越高越好，跑得越快越好，切忌往泥石流的下游逃生。

3.遇到泥石流的时候，你可以就近选择树木生长密集的地带逃生，因为树木可以阻挡泥石流的前进。切忌选择在陡峻的山坡下面逗留，应选择到平整安全的高地进行躲避，以免泥石流冲倒山坡和树木使人受到伤害。

4.逃生时，你尽量丢弃身上背着的沉重行李，但是不能丢弃通信工具，以便到达安全地带后与外界联系求助。

第五章 滑坡避险与自救

　　滑坡是地球表面的斜坡土石，受河流冲刷、地下水活动、雨水浸泡、地震及人工切坡等因素影响，在重力作用下沿着一定的软弱面或软弱带，整体呈分散的顺坡向下滑动的自然现象。滑坡速度快时会出现火光，产生巨响，对建筑物、农田、铁路造成巨大的破坏，也给工农业生产以及人民的生命财产造成巨大损失，有的甚至会造成毁灭性的灾难。

如何防范滑坡灾害

滑坡有哪些前兆

　　1. 在山坡中后缘出现规律排列的裂缝。

　　2. 在山坡坡脚处，土体突然上隆（凸起）。

　　3. 建在山坡上的房屋地板、墙壁出现裂缝，墙体歪斜。

4. 在山坡上，泉水突然干涸、浑浊。

5. 动物惊恐异常，树木歪斜。

如何避开滑坡风险

1. 注意观察房屋周围边坡在强降雨时的排水方式，尤其注意水流的汇集地带；注意观测房屋周围的山坡有无活动迹象，如小规模的滑坡或泥石流，以及逐渐倾斜的树木。与当地的专家或有关部门取得联系，并建立家庭和企业的应急方案。

2. 保持高度警惕。其实，许多泥石流的遇难者都是在睡眠中被夺去生命的。你要注意收听强降雨警报，要警惕短时间的强降雨可能带来的危险，特别是长时间干旱后的强降雨尤其危险。

3. 野外行车遇到滑坡时，请掉头找一条较为安全的路线行驶。如果此路是必经之路，你应时刻注意路上随时可

能出现的各种危险，如掉落的石头、树干等。同时，你要随时查看清楚前方道路是否存在塌方、沟壑等，以免发生危险，最好不要选择通过刚发生滑坡的地区。切记注意滑坡标识，千万不要在没有探明情况的时候就驱车通过。

4.野外扎营时，你要选择平整的高地作为营址，尽量避开有滚石和大量堆积物的山坡下或山谷、沟底。

遭遇滑坡时如何自救

1.当你不幸遭遇山体滑坡时，首先要沉着冷静，不要慌乱。因为慌乱不仅浪费时间，而且极可能让你做出错误的决定。

2.你要迅速环顾四周，向较为安全的地段撤离。一般除高速滑坡外，只要行动迅速，你都有可能逃离危险区域。跑离时，向两侧跑为最佳方向，不能沿着滑坡上下的方向跑。

3. 千万不要将避灾场地选择在滑坡的周围。你应认真观察周围情况，切忌从一个危险区跑到另一个危险区，同时也要听从统一安排，不要自择逃生路线。

4. 当你遇到无法跑离的高速滑坡时，切忌慌乱，在一定条件下，如滑坡呈整体滑动时，可原地不动或迅速抱住身边的树木等固定物体。

5. 对尚未滑动的滑坡危险区，一旦发现可疑的滑坡活动，你应立即报告邻近的村、乡、县等有关政府或单位。

6. 滑坡时，极易造成人员受伤，如果有人员伤亡或被掩埋，你应及时通知专业救援队伍开展抢险救援工作。

7. 滑坡发生后，已经撤离滑坡区的人员，在滑坡警报还未完全解除前，不要返回滑坡区域。

注意事项：滑坡发生突然、来势凶猛、威力无比，破坏性极大。所以，远离灾害、避开险境是最好的防灾方法。你前往山区沟谷和洪灾易发区，一定要事先了解当地近期和未来数日的天气预报及地质灾害气象预报。如该区域恰逢恶劣天气，切忌贸然前往。

第六章 雷击避险与自救

雷电灾害是"联合国国际减灾十年"公布的最严重的十种自然灾害之一，全球每年因雷击造成的人员伤亡、财产损失不计其数。

户外如何躲避雷击

在户外时如遇雷雨天，你要做好以下防范措施，避免遭遇雷击。

1. 不要在电线杆、广告牌、各类铁塔底下避雨。

2. 不要在户外接听和拨打手机，因为手机的电磁波也会引来雷电。

3. 不要停留在山顶、山脊或建（构）筑物顶部。

4. 不要停留在铁门、铁栅栏、金属晒衣绳、架空金属体以及铁路轨道附近。

5. 不要在水边（江、河、湖、海、塘、渠等）、游泳池、洼地停留，要迅速到附近干燥的住房中躲避雷雨。

6. 不要拿着金属物品在雷雨中停留，因为金属物品导电，在雷雨天气中有时能起到引雷的作用。你随身携带的金属物品，应该暂放在 5 米以外的地方，等雷电活动停止后再拾回。

7. 应迅速躲入有防雷保护的建（构）筑物内，或有金属壳体的各种车辆及船舶内。不具备上述条件时，你应立即双脚并拢下蹲，头部向前弯曲，降低自己的高度，以减少跨步电压带来的危害。

8. 雷暴天气出门，最好穿胶鞋，这样可以起到绝缘的作用。

9. 远离建筑物外露的水管、煤气管等金属物体及电力设备。

10. 不宜在大树下躲避雷雨，如不得已时，你应与树干保持 3 米以上距离，下蹲并双腿靠拢。

11. 如果在雷电交加时，头、颈、手处有蚂蚁爬的感觉，头发竖起，说明雷电即将发生，你应赶紧趴在地上，这样可以减少雷击的概率，并摘掉身上佩戴的金属饰品和发卡、项链等。

12. 如果在户外遭遇雷雨，来不及离开高大物体时，应立即寻找干燥的绝缘物放在地上，将双脚合拢坐在上面，切勿将脚放在绝缘物以外的地面上，因为地面潮湿，水能导电。

13. 在户外躲避雷雨时，你应注意不要用手撑地，同时双手抱膝，胸口紧贴膝盖，尽量低下头，因为头部较之身体其他部位更易遭到雷击。

14. 当在户外看见闪电，然后几秒钟内就听见雷声时，说明你正处于近雷暴的危险环境。此时你应停止行走，立即两脚并拢下蹲，最好不要与人接触在一起，同时可使用塑料雨具、雨衣等避雷物品。

15. 在雷雨天气中，你不宜在旷野中打伞，或高举羽毛球拍、高尔夫球棍、锄头等；不宜进行户外球类运动，在雷暴天气下进行高尔夫球、足球等运动是非常危险的；不宜在河边洗衣服、钓鱼、游泳、玩耍等。

16. 在雷雨天气中，你不宜快速开摩托车、快骑自行车和在雨中狂奔，因为身体的跨步越大，电压就越大，也越容易被雷击中受伤。

17. 如果在户外看到高压线遭雷击断裂时，你应提高警惕，因为高压线断点附近存在跨步电压，身处其附近的人此时千万不要跑动，应立即双脚并拢跳离现场。

室内防雷击的方法

1. 打雷时，你首先要关好室内门窗，防止雷电直击室内和球形雷飘进室内。

2. 在室内时，你要远离入户的金属水管和与屋顶相连的下水管等。

3. 不宜使用太阳能淋浴器。目前，城区居民楼的太阳能虽然大多已进行防雷接地等电位连接，但雷电流仍可能通过水流传导而致人伤亡。

4. 晾晒衣服被褥等用的铁丝不要安装在窗户、门口等位置，以防铁丝引雷入室。

5. 不要触摸或靠近室内防雷引下线、供电地线、家用电器的接地线等可能因雷击而带电的物体，以防接触电压、雷击和旁侧闪击。

遭遇雷击的现场急救措施

1. 如果伤者遭受雷击后引起衣服着火，此时应立即让伤者躺下，避免火焰烧伤面部，并用厚外衣、毯子等物品把伤者裹住隔绝空气，以便迅速扑灭火焰。

2. 若伤者神志清醒，呼吸心跳均正常，应让伤者就地平卧，严密观察，暂时不要站立或走动，以防继发休克或心衰。如果一群人被闪电击中，应先抢救那些已无法发出声息的人。

3. 伤者丧失意识时要立即尝试唤醒伤者，并叫救护车。对于呼吸停止、心搏存在者，应立即就地平卧解松衣扣，通畅气道，并口对口对其进行人工呼吸急救。对于心搏停

止、呼吸存在者，应立即对其进行胸外心脏按压复苏措施。雷击后进行人工呼吸的时间越早，对伤者的身体恢复越有利，因为人脑缺氧时间超过 10 分钟就会有致命危险。如果能在 4 分钟内进行心肺复苏法抢救，让伤者心脏恢复跳动，可能还能挽回伤者的性命。

　　4. 若发现伤者心跳呼吸已经停止，应立即进行口对口人工呼吸和胸外心脏按压等复苏措施（少数已证实被电死者除外），一般抢救时间为 60~90 分钟，直到使触电者恢复呼吸、心跳，或确诊已无生还希望时为止。现场抢救最好能有两人分别对触电者施行口对口人工呼吸及胸外心脏按压，以 1∶5 的比例进行，即人工呼吸 1 次，心脏按压 5 次。如现场抢救仅有 1 人，可采用 15∶2 的比例对触电者进行胸外心脏按压和人工呼吸，即先做胸外心脏按压 15 次，再口对口人工呼吸 2 次，如此交替进行，一定要坚持抢救到底。

第七章 ▶ 冰雹灾害的预防与自救

冰雹是一种从强烈对流运动形成的积雨云中降落下来的冰块或冰疙瘩，夏季或春夏之交最为常见，它们小的如绿豆、黄豆，大的似栗子，甚至鸡蛋。冰雹的直径一般为 5 ~ 50 毫米，最大的可达 10 厘米以上，形状也不规则，大多数呈椭圆形或球形。冰雹灾害是我国常见的一种气象灾害，每年全国各地都会受到不同程度的雹灾，给农业、建筑、通信、电力、交通以及人民的生命财产带来巨大损失。

如何预测冰雹

感冷热

如果早晨温度低，湿度大，而中午太阳辐射强烈，造成空气对流旺盛，则易发展成积雨云而形成冰雹，故有"早晨凉飕飕，午后打破头""早晨露水重，后响冰雹猛"的说法。

辨风向

冰雹前常常会出现大风而风向变化频繁等天气现象。农谚有"恶云见风长，冰雹随风落""风拧云转雹子片"等说法。另外，连续刮南风以后，如果风向转为西北或北风，风力加大时，则冰雹往往伴随而来。因此，民间有"不刮东风不下雨，不刮南风不降雹"之说。

观云态

其实，全国各地有很多谚语是从云的颜色来判断冰雹前兆的。例如，"不怕云里黑乌乌，就怕云里黑夹红，最怕红黄云下长白虫""黑云尾、黄云头，冰雹打死羊和牛"。因为，冰雹云的颜色，先是顶白底黑，然后中部现红，形成白、黑、红乱绞的云丝，而云边呈黄色。此外，从云状看冰雹前兆的说法还有："午后黑云滚成团，风雨冰雹齐来""天黄闷热乌云翻，天河水吼防冰雹"等。这些都说明当时空气对流极为旺盛，云块发展迅猛，好像浓烟滚滚地直往上冲，而云层上下前后翻滚，这种云极易降冰雹。

听雷声

如果雷声沉闷、连绵不断，百姓称这种雷为"拉磨雷"。因此有"响雷没有事，闷雷下蛋子"的说法。这是因为冰雹云中横闪电比竖闪电的频数高、范围广，闪电的各部分发出的雷声和回声混杂在一起，听起来有连续不断的感觉。

识闪电

冰雹云中的闪电大多是云块与云块之间的闪电，即"横闪"，说明云中形成冰雹的过程进行得很激烈。所以，有"竖闪冒得来，横闪防雹灾"的说法。

看物象

全国各地有很多看物象测冰雹的经验。例如，贵州有"鸿雁飞得低，冰雹来得急""柳叶翻，下雹天"，山西有"牛羊中午不卧梁，下午冰雹要提防""草心出白珠，下降雹稳"等谚语。

此外大家要注意，以上经验一般不要仅依据某一条就作出判断，而需综合分析运用。

户外遭遇冰雹时如何躲避

寻找遮挡物

如果突然遇到冰雹袭击，你一定要保持镇静，迅速寻找遮挡物，可躲进室内、公交站牌下等。切忌进入孤立的棚屋、岗亭等建筑物，或在高楼烟囱、电线杆或大树底下躲避冰雹。尤其是在出现雷电时，你应尽量找到一个坚固的安全地方躲避冰雹。如果附近没有合适躲避的安全地方，应采取户外安全避险姿势：半蹲在地，双手抱头，尽量保护头部、胸部与腹部，避免遭到袭击。如果你随身携带有包、文件夹时，可临时放在头顶充当遮挡物，尽量使冰雹的危害降到最低。

远离易碎品

你应尽量远离窗户、天窗等玻璃制品，因为冰雹会以某种特定角度降落，可能会砸碎玻璃，从而造成伤害。

谨防触电

躲避冰雹时，你要尽量远离照明线路、高压电线和变压器，以防发生触电的严重后果。

行车途中遇冰雹，冷静靠边停车

如果你在开车途中遭遇冰雹，切忌着急，应立即靠边停下。停靠车辆时，注意不要把车停在大树旁，或是有大型物体可能掉落的区域，以防被滚落的石块或倒下的大树砸到车辆。你应尽量把车停放到车库里，以免冰雹把挡风玻璃砸坏。虽然下冰雹时车辆被击中的声响会很大，但切忌着急下车，以防被冰雹砸伤。

PART TWO / 第二部分

事故灾难

第一章 火灾事故的相关知识

火灾是指在时间或空间上失去控制的燃烧所造成的灾害。在各种灾害中，火灾是最频繁、最普遍地威胁群众安全和社会发展的主要灾害之一。火灾不仅毁坏物质财产，造成社会秩序的混乱，还直接或间接危害群众生命安全，给人们的心灵造成极大的危害。

公共场所如何预防火灾

商场、影剧院、俱乐部、文化宫、游泳场、体育馆、图书馆、展览馆等都属于公共场所，这些场所一旦发生火灾，就会造成重大损失或人员伤亡。公共场所一般都具有面积大、人员集中、易燃可燃物多、电气设备多、火灾危险性大等特点，容易造成特大恶性火灾，所以公共场所的火灾预防非常重要。

1. 在公共场所中有些人为了临时用电需求，在原有的线路上接入大功率的电热设备，使其超载运行，破坏了线

路的绝缘层，很容易引起火灾。

2. 在公共场所使用的电热杯、电炉子等电热设备，如长期通电或忘记关闭电源开关，也容易造成火灾事故。

3. 在公共场所违章使用电、气焊等设施，又未采取安全措施预防，导致火花落在可燃物上，也容易引起火灾。

4. 在公共场所使用电热设备时，要远离可燃物。例如，红外线取暖器因表面温度过高，若靠近易燃物质，很容易引起火灾。

5. 在公共场所使用完电熨斗、电吹风等电器后，应及时切断电源，并将其放置在阻燃的基座上，等余热散尽后，再收存起来。切忌使用完上述电器后，立即将其装入纸箱内。

6. 在公共场所使用完维修电器设备的电烙铁后，应先拔掉电源插头，然后将其放在阻燃的基座上或水泥地上，切忌放在地板和书桌上，以防温度过高引起地板和书桌等可燃物起火。

7.在公共场所中，你尽可能不要吸烟。如果吸烟，切忌乱扔烟头或火柴杆，可将其放在烟灰缸或痰盂内，避免未熄灭的烟头或火柴杆遇到可燃物质引起火灾。你尤其要注意，切忌将未熄灭的烟头和火柴杆扔入电梯井、垃圾井、电缆井等危险性区域，因为这些区域可能存放有较多的易燃物质，极易引起火灾事故。

8.剧场、俱乐部因剧目需要演员吸烟时，要有专人管理，以防烟头落入幕布或布景上引起火灾。

9.在公共场所举办大型活动时，禁止携带易燃易爆物品入内。因为易燃易爆物品一旦遇到明火，即可起火爆炸。如剧场、俱乐部演出时，使用的发令枪纸、鞭炮、烟火等易燃易爆物品，应有专人监护，并远离可燃物。

10.公共场所因停电需使用蜡烛等照明时，要尽可能远离可燃物，可将其固定在非燃烧体的材料上。同时，现场应有专人负责，如人员要暂离现场时，应将蜡烛熄灭，以防蜡烛燃烧完后倾倒引起可燃物起火，造成火灾事故。

发生火灾时如何逃生

☀家中发生火灾如何逃生

1.火灾初起阶段的撤离。火灾初起阶段一般温度不高，但烟雾较大。在自己无力扑灭的情况下，应赶快离开起火房间，关闭门窗，阻止火势和烟雾向相邻的房间蔓延、扩散。

你应及时报警，组织家庭成员有序撤离。此时，逃生第一，切忌浪费时间去取贵重物品。撤离的顺序是儿童、老人、妇女，最后才是男子。

你撤离到安全区域后，如发现还有人没及时撤出，此时不能贸然返回，应等待消防人员营救。一般居室都有两个以上的出口，一是门，二是阳台或窗户。当第一出口被火势封住后，你应立即设法从第二出口撤离。

2.发生火灾时的自救方法。当火势发展到猛烈阶段时，有计划地撤离难以付诸实施，你只能随机应变冷静地进行自救。此时，预防烟雾中毒、窒息，是自救的第一步。

（1）防烟方法：主要是用湿毛巾捂住鼻口呼吸。如找不到湿毛巾时，可用浸湿的衣服或其他棉制品代替。在没有水的情况下，尿液也可应急。湿毛巾不仅可以过滤烟雾、防止中毒，而且还可以湿润空气、降低空气的温度，减少燥热的空气对呼吸道的灼伤。

（2）防热方法：淋湿身上的衣服，将浸湿的棉被裹在

身上，向浴缸、浴池中注满水，将身体浸在水中，只留鼻孔于水面并用湿毛巾盖住鼻孔呼吸。在没有水源的情况下，身上着火时不要拍打，可就地打滚将身上的火滚灭。

（3）逃生方法：主要根据建筑结构和火灾情况而定。

①利用阳台、窗口逃生：可利用绳索或撕开的床单结成绳索滑向下层的阳台，然后从下层的阳台、窗口进入室内逃生。

②利用下水道管逃生：一般住宅的下水道管多设在阳台与窗户之间，如铁质下水道管比较牢固可用来逃生。

③利用湿棉被裹住身体冲出火海向楼下逃生。你尽量不要往上层逃生，由于烟囱效应，楼层火灾火势向上蔓延的速度远远快于向下蔓延的速度。

④在无法突围的情况下，你不要往床下或壁柜里躲藏，应往浴室、卫生间等室内既无可燃物又有水源的空间躲避。进入室内后，你应立即关闭门窗，打开水龙头，脱下身上衣服浸湿，塞住门窗的缝隙减少烟雾侵入。

⑤被火势逼到阳台、楼顶，你生命暂时未受到严重威胁时，要平静下来，坚守此地，等待消防人员的救援，切忌轻举妄动。人多时，大家要相互安慰，稳定情绪，等待救援。

⑥必须选择跳楼时，你可抱一些棉被、沙发垫等松软的物品，选择往楼下的石棉瓦车棚、花圃草地、水池、河边或枝叶茂盛的树上跳，以减缓冲击力。你徒手往下跳的时候要双手抱紧头部，身体弯曲，蜷成一团。

⑦在被烟气窒息失去自救能力前，你应努力滚到墙边，便于消防人员寻找、营救。因为，消防人员进入室内后都

是沿墙壁摸索行进。另外，你滚到墙边也可以防止房屋塌落砸伤自己。

野外火灾的逃生和自救的常用方法

1.选择正确的逃生路线，被火包围时要选择逆风路线，不可选择顺风路线，大火随风向而来，要绕道避开火险。

2.寻找天然防火带，开阔平地可阻挡火势，河流是最好的防火带。

3.开阔地或荒地的火势较弱时，脱险的方法是快速奔跑，穿过火场。在穿越火场时，你要尽量用水把全身弄湿，遮住口鼻。

4.从火场中逃出后，很可能你的衣服已着火，应迅速脱掉衣物，或者躺到地上慢慢滚动，切忌直立或奔跑，那样火会烧得更旺。

倘若受伤，你要立即处理伤口。如有人不幸烧伤，很重要的一点是防止创面的污染，应尽量避免创面遭受更多损伤。你可以先用棉球浸上淡肥皂水，轻轻拭去皮肤上的油渍、异物、污泥，再用 0.9% 的盐水冲洗干净，除去已脱落的表皮，用纱布或清洁的衣服、手绢轻轻包扎。

救火注意事项

如何正确处置家庭火灾

1. 无论自家或邻居家起火，你都应立即拨打火警电话 119 进行求助并积极协助消防员进行扑救工作。

2. 封闭的房间内起火时，你不要随便打开门窗，防止新鲜空气进入，扩大燃烧面积。你可先查看外部火势情况，如火势很小，或只见烟雾不见火光，可用水桶、脸盆等准备好灭火用水，迅速进入室内将火扑灭。

3. 室内起火后，如果火势凶猛一时难以控制，你首先要将室内的液化气罐和汽油等易燃易爆危险品抢出。

4. 家用电器或电气设备发生火灾时，你要立即切断电源，然后用干粉灭火器、二氧化碳灭火器或用湿棉被、帆布等将火扑灭。你用水和泡沫灭火时一定要在切断电源的情况下进行，以防因水导电而造成触电伤亡事故。

5. 厨房着火，最常见的是油锅起火。起火时，你要立即用锅盖盖住油锅，切记不可用水扑救或用手端锅，以防锅里热油爆溅，灼烫伤人或扩大火势。如果油火洒落在灶具上或地面上时，你可使用手提式灭火器扑灭。

6. 家用液化石油气罐着火时，灭火的关键是切断气源。

如果气罐阀口火焰较大，可用湿毛巾、抹布等猛力抽打火焰根部，将火扑灭，然后关紧阀门。如果气罐阀门过热，可用湿毛巾、肥皂、黄泥等将漏气处堵住，把液化气罐迅速搬到室外空旷处，让它泄掉余气或交消防部门处理，但一定要做好监护工作，杜绝火源存在。

灭火器的正确使用方法

手提式泡沫灭火器

使用时，用手握住灭火器的提环，平稳、快捷地提往火场，切忌横扛、横拿。灭火时，一手握住提环，另一手握住灭火器底部，将灭火器颠倒过来，喷嘴对准火源根部，用力摇晃几下后喷出，即可灭火。

手提式二氧化碳灭火器

手轮式：一手握住灭火器喷筒把手，另一手撕掉铅封，将手轮按逆时针方向旋转，打开开关，二氧化碳气体即会喷出灭火。

鸭嘴式：一手握住喷筒把手，另一手拔去保险销，将扶把上的鸭嘴压下，即可灭火。

手提式干粉灭火器

使用时，先打开保险销，一手握住喷管，对准火源根部，另一手拉动拉环，即可扑灭火源。

小型家用灭火器

喷射型：按下灭火器顶端的弹簧按钮，将喷嘴对准着火处，喷射灭火。

投掷型：只需将其投掷于火中，容器破碎，干粉泄出灭火。

第二章 矿山事故

　　矿山事故，指在采矿过程中发生的事故，通常会造成极大的伤亡。引发矿山事故的原因有多种，其中包括有毒气体（如硫化氢）泄漏、天然气（如甲烷）爆炸、煤炭粉尘爆炸、机械故障及指挥失误等。

预防煤矿安全事故发生的措施和途径

　　在开采煤炭的过程中，受井下生产条件的多变性、地质构造的复杂性、地下灾害的多样性、煤矿井下技术装备的局限性以及井下生产一线职工自身素质等主客观因素的影响，如何预防、减少和遏制煤矿生产过程中各类事故发生是煤矿生产者和管理者追求的最高目标。

煤矿事故发生的主要原因

　　通过对历年来煤矿事故发生的因素分析可知，煤矿井下生产过程中的事故隐患主要表现在以下两个方面：

一是主观因素，即人的行为不规范，行为人没有严格执行井下的安全操作规程和安全生产的各项规章制度。由于煤矿从业者思想认识不足，甚至对事故隐患熟视无睹，冒险蛮干、瞎指挥，造成事故发生。

二是客观因素，即客观事物的不安全，包括井下生产条件和设备等状态不稳定和运行不安全，主要表现在采、掘、机、运、通五大工程的质量不符合标准要求及装备水平低和科技含量不高等方面。

预防安全事故的途径

1. 提高煤矿从业者的整体素质。首先，要经常对从业者进行"安全第一"的思想意识教育，可采取多种方式进行教育活动。例如，分析事故案例，找出事故教训，请安全工作优秀的同志讲安全工作经验、安全工作不足的同志谈教训和体会；开展安全知识竞赛、安全演讲赛、安全座谈会；对出事故的家庭进行慰问；成立煤矿从业人员学习班，并邀请家属参与活动，使每一位煤矿从业者在思想上牢固树立"安全第一"的意识，在安全工作上引起高度重视。其次，加强对煤矿从业者的安全知识和专业技术知识的培训工作，使他们都能掌握煤矿井下安全知识和操作技能，以适应煤矿安全生产的要求，使每一位一线从业者在思想上都能自觉地树立遵章守纪观念，做到自己遵章守纪，并能反对和抵制违规违纪行为，提高互保和自保能力。

2. 进一步强化全面质量管理。首先，要对井下采、掘、机、运、通实行全面、全过程的管理，做到人人参与、人人有责，发现问题要及时进行纠正和处理，以确保安全生产。其次，要建立各项完善的检查制度，建立全员、全方位、全过程的质量管理网络，严格执行各项规章制度，做到有章可循、违章必究。最后，要做到责、权、利相结合，将工程质量和工资收入直接挂钩，不符合标准要求的工程不计工资，并予以惩罚，实行优质优价。

3. 强化安全法规制度建设，引进制约机制。首先，要进一步全面落实国家各级煤矿主管部门的各项安全法规、制度和措施，并根据这些法律法规建立与之相适应的、完善的煤矿安全规章制度。其次，要落实岗位责任制和包保责任制，明确每位从业者的岗位职责和相关的利益，用绩效挂钩方式管理安全工作。最后，要实行重奖重罚，严惩"三违"行为和事故责任人员，重奖安全工作中有突出贡献的人员。

总之，要达到安全生产的目的，就必须提高煤矿全体职工的整体素质，消除不规范行为，加强法规制度建设，以约束人的行为，使全体职工行为达到规范化，强化安全质量标准化管理，消除不安全状态。

造成矿山机械事故的危害因素有哪些

随着矿山机械化程度的不断提高，煤矿机械安全管理在煤矿生产过程中的重要性日渐增强。矿山机械作为煤矿开采的必要设备，其能否正常运行直接关系到煤矿安全生产的效率。预防井下机械事故的发生，分析矿山机械事故的原因成为煤矿安全管理重要的组成部分。那么，造成矿山机械事故的危害因素有哪些呢？

🔊机械伤害

矿山开采所采用的机械设备，在生产过程中若出现缺少安全附件及安全防护措施，或机械设备缺陷、操作人员操作失误等情况，都会引发机械伤害事故。

🔊车辆伤害

煤矿在运输过程中，可能由于设备维护不当或设备本身原因造成撞车、脱轨、挤压伤人等事故。

🔊火灾

矿山机械设备运转不良或故障摩擦发热引燃可燃物、电气部件故障发生火花电弧引燃可燃物、操作人员操作失误使某种热源引燃可燃物等均会引发火灾。

🔊物理性爆炸

矿山中由于不规范使用压力容器等可能引发物理爆炸，例如，空压机贮气罐、锅炉等存在物理爆炸危险，如生产中操作失误，设备安全附件失效，设备使用、管理不当等都有可能引发爆炸事故。

水害

如矿山排水设备存在配置不够，配置不合理，排水供电线路、排水管路达不到要求，以及矿山排水能力不足等情况，都有可能引发矿山的水害。

噪声危害

矿山开采过程中，机械设备运行会产生不同程度的噪声，例如，通风机、空压机风镐等高机械噪音设备。若设备选型不合理，又未采取防止噪声污染的措施，则会对接触噪声的作业人员产生噪声危害，有时甚至会诱发操作人员误操作而造成生产安全事故。

井下避灾的基本原则

矿井发生火灾、水害、瓦斯爆炸、顶板脱落、运输机电损坏等灾害事故时，初期阶段所波及的范围和造成的危害一般较小，这时既是扑灭或控制事故的有利时机，也是决定矿井和从业人员安全的关键时刻。在多数情况下，因为事故发生突然，矿井领导人员和矿山救护队等专业人员难以立刻到达事故现场组织抢救工作，所以井下矿工及时开展避灾工作，对于保护自身安全，抑制灾情扩大具有不可替代的重要作用。即使在事故处理的中期和后期阶段，也往往需要以井下矿工的正确避灾为基础，提高抢险救灾工作的成效。井下避灾的基本原则有：

积极抢救

灾害事故发生后，处于灾区内以及受波及区域的从业人员应沉着冷静，根据灾情和现有条件，在保证安全的前提下，采取积极有效的方法和措施，及时投入现场救助，将事故消灭在初期阶段或控制在最小范围，最大限度地减少事故造成的损失。

安全撤离

当现场不具备事故抢救的条件或可能危及从业人员的安全时，井下矿工应迅速安全地撤离灾区。

妥善避难

如在短时间内无法安全撤离，遇险人员应在灾区内进行自救和互救，妥善避难，努力维持和改善自身生存条件，等待救护人员的救援。如从业人员不能撤至地面，应尽量撤至井下设置的避难洞室或安全条件较好的其他地点。

第三章 道路交通事故

　　交通事故是指车辆在道路上因过错或者意外造成人身伤亡或者财产损失的事件。引发交通事故的原因有很多，如驾驶员疏忽大意、操作不当或车况不佳，也可能是由于道路状况不良或缺少道路安全措施造成的。

发生车辆交通事故的自救措施

　　近年来，车祸已成为威胁大众生命的一大"杀手"，掌握一定的自救知识、学会自救，是减少车祸伤害，降低其对生命威胁的重要保障。

◆遭遇汽车翻车时的处置方法

　　1. 如果驾驶员还有行动能力，首先应将车辆熄火，避免发生燃烧、爆炸等事故。

2. 车体翻转倾斜，如侧倾角度为 30° 左右，由于重力原因，车内成员应选择由副驾位置逃出，以免发生第二次侧翻现象。

3. 逃生时，你不要急于解开安全带，需先调整好坐姿，双手先撑住车顶，双脚蹬住车两边，背臀紧贴座椅，待固定好坐姿后再解开安全带，慢慢放下身子，以免受到二次撞击。必要时，你需取下车内尖锐物品，以免在随车体旋转的同时，身体在车内滚动而受到二次伤害。

4. 事故发生后，有可能出现安全带解不开的情况，你可用合适的工具割断安全带，或者将身子慢慢抽出后逃脱。

5. 如果在逃生的过程中，前排位置乘坐了两个人，应由副驾人员先逃出。当车门变形而无法打开时，车内人员可从车窗逃出，但如果此时车窗为封闭状态，则需要敲碎玻璃。

遭遇车辆碰撞时的处置方法

1. 交通事故中的碰撞，受到致命威胁的主要是驾驶员。一旦遇有事故发生，当碰撞的主要方位不在驾驶员一侧时，驾驶员应手臂紧握方向盘，两腿向前踏直，身体后倾，保持身体平衡，以免在车辆撞击的一瞬间，头向前撞到挡风玻璃上而受伤。

2.如果碰撞的主要方位邻近驾驶员座位或者撞击力度大时，驾驶员应迅速躲离方向盘，将两脚抬起，以免受到挤压而受伤。

公交车发生火灾时如何应对

公交车发生火灾的原因：一是油路出现问题，造成漏油、漏液；二是电线老化或者接驳不当造成短路或产生火花；三是由于高温引起易燃物品的燃烧；四是由于车辆撞击，或者机件故障引起火灾；五是在炎热的夏季，车内如有打火机和香水等易燃易爆物品，很可能成为车辆火灾的元凶。

1.乘客可以利用车载灭火器灭火。每个公交车上都有灭火器，一般在司机的座位旁或者后车门垃圾桶的位置。

2.乘客可从车门逃生。在车门能正常开启的情况下，乘客尽量从前后车门下车，因为从车门出入最快。如果车门附近有火，乘客可用衣服包住头冲出公交车。

3.驾驶员应打开放气阀和应急开关，切断气路，开启车门。如果驾驶员昏迷或行动不便时，乘客可自己找到放气阀和应急开关，开启车门。车型不同，应急开关的位置也不一样，有些在驾驶员座位旁边，有些在车门顶部，形状多是扳手状，类似电扇的挡位开关，打开方式略微不同，可以旋转或拉出，之后乘客推开车门就能逃生。

4.乘客可利用安全锤敲碎车窗逃生。每辆公交车上都会有配套的安全锤，一般安装在车窗旁边。使用时，要用安全锤的锤尖，猛击玻璃四角。

5.乘客可利用天窗逃生。一般公交车车顶都有两个紧急逃生出口，只是很多时候人们把它误认为是通风口。逃生窗上面有按钮，旋转之后，大家可向外推开天窗。

6.公交车起火后，烟雾中含有大量的一氧化碳和其他有害气体，车内人员吸入后容易造成窒息而死亡。你可用毛巾或衣物遮掩口鼻，不仅可以减少烟气的吸入，还可以过滤微碳粒，有效防止窒息的发生。

7.逃生的过程中，你要注意保持低姿势行进。当公交车上出现火灾时，因火势顺空气上升，在贴近地面的空气层中，烟害往往比较轻。你应俯身低姿行走，可以较好地避开烟尘并且可以避免被火焰直接灼伤。

8.当冲出燃烧车辆后发现衣服着火时，切忌狂奔乱跑，此时应马上脱去燃烧的衣服，如果来不及，可就地翻滚，将火压灭。发现他人身上的衣服着火时，你可脱下自己的衣服或用其他布料，将他人身上的火捂灭。

第四章 铁路安全事故

　　铁路事故是指火车（包括所有机车、车厢或车皮一类的车辆）在运行过程中发生脱轨、火灾、断电等影响正常行车安全的事故，也包括火车在运行过程中与行人、机动车、非机动车、牲畜及其他障碍物相撞的事故，甚至还包括因管理操作不当而导致的严重晚点情况等。事故分为特别重大事故、重大事故、较大事故和一般事故四个等级。

铁路安全常识

　　1. 严禁行人在铁路上行走、坐卧。

　　2. 严禁攀爬铁路旁的高压电杆，严禁用弹弓等物击打高压线，严禁用棍棒或绳索等物接触、碰挂铁路网线，避免因高压电触电造成伤亡。

3. 爱护列车和铁路设备，严禁在铁路道心和钢轨上放置杂物，严禁击打列车和铁路信号灯等设备。

4. 严禁爬乘货物列车或到铁路站场股道内玩耍，以免发生意外事故。

5. 车辆、行人通过铁路道口时要注意停车瞭望。大家确认无来车后方可通行，严禁翻越道口栏杆，严禁强行穿越道口，人行过道禁止机动车通行。

6. 老师、家长要加强对未成年人的安全教育，告诫他们严禁在铁路上玩耍、放置障碍物（摆放石子、小刀等），严禁沿钢轨、枕木或道心行走，严禁在停留的列车下乘凉、睡觉等。

7. 市民有义务揭发、举报偷盗铁路运输物资、拆卸铁路器材等破坏铁路安全的坏人坏事，配合公安部门严厉打击各类违法犯罪行为。

8. 严禁携带雷管、炸药、煤油、汽油、酒精等易燃易爆物品上车。

注意事项：在乘坐高铁时，严禁在列车任何部位吸烟。如因吸烟引发列车报警，不仅会让列车自动停车，还会危及列车安全，同时吸烟者将会受到罚款和行政处罚，并纳入不良征信记录。

遇到铁路交通事故时如何处理

火车着火后的自救

当所乘坐的火车发生火灾事故时，大家要沉着、冷静、准确判断，切忌慌乱，应采取安全措施逃生。

1. 通知列车员让火车迅速停下来。失火时，乘客应迅速通知列车员停车灭火避难。

2. 当起火车厢内的火势不大时，乘客切忌开启车厢门窗，以免进入大量的新鲜空气，加速火势的扩大蔓延。

3. 乘客可利用列车上的灭火器材扑救火灾，有序听从乘务员指挥，从车厢的前后门疏散到相邻的车厢。当车厢内浓烟弥漫时，乘客可采取低姿行走的方式逃离到车厢外或相邻的车厢。

4. 乘客可利用车厢前后门逃生。旅客列车每节车厢内都有一条长约 20 米、宽约 80 厘米的人行通道，车厢两头有通往相邻车厢的手动门或自动门，当某一节车厢内发生火灾时，这些通道是被困人员的主要逃生通道。发生火灾时，被困人员应尽快利用车厢两头的通道，有秩序地逃离火灾现场。

5. 乘客可利用车厢的窗户逃生。旅客列车车厢内的窗

户一般为 70 厘米 × 60 厘米，装有双层玻璃。在发生火灾的情况下，被困人员可用坚硬的物品将窗户的玻璃砸破，通过窗户逃离火灾现场。

6. 采用摘挂钩的方法疏散车厢时，应选择在平坦的路段进行。对有可能发生溜车的路段，可用硬物塞垫车轮，防止溜车。

火车失事后如何紧急避险

火车出轨的征兆是紧急刹车，剧烈晃动，而且车厢向一边倾倒。在判断火车失事的瞬间，应采取如下措施：

1. 面朝行车方向坐的乘客要马上抱头屈肘伏到前面的坐垫上，护住脸部，或者马上抱住头部朝侧面躺下。

2. 背朝行车方向坐的乘客，应该马上用双手护住后脑部，同时屈身抬膝护住胸、腹部。

3. 发生事故时，如果座位不靠门窗，乘客应留在原位，抓住牢固的物体，或者靠坐在座椅上。你应低下头，下巴紧贴胸前，以防头部受伤。若座位靠近门窗，你应抓住车内的牢固物体，迅速离开。

4. 在通道上坐着或站着的乘客，应面朝着行车方向，两手护住后脑部，屈身蹲下，以防冲撞和落物击伤头部。如果车内不拥挤，你应该双脚朝着行车方向，两手护住后脑部，屈身躺在地板上，用膝盖护住腹部，用脚蹬住椅子或车壁，同时提防被人踩到。

5. 在厕所里时，你应背靠行车方向的车壁，坐到地板上，双手抱头，屈肘抬膝护住腹部。

6. 事故发生后，如果无法打开车门，你应努力把窗户

推上去或砸碎窗户的玻璃，然后爬出车厢，注意避免被碎玻璃划伤。此外，铁轨可能会有电，在铁轨上行走存在被电击的危险。如果车厢不会再倾斜或者翻滚，大家待在车厢里等待救援是最安全的。

7. 确定火车停下后需要跳车避险时，你应注意观察对面来车并采取正确的跳车方法。跳车后，你要迅速撤离，不可在火车周围徘徊，这样很容易发生其他危险。

8. 离开火车后，应设法通知救援人员。

如何预防铁路交通事故

铁路交通事故偶发性强，但并不意味着我们就束手无策，很多危害可以在事前得到避免，这就要求我们掌握一定的安全知识，具备一定的防范意识。

1. 过铁道路口时，应服从道口工作人员或道口交通信号灯的指挥，道口栏木（拦门）关闭或红灯亮时，行人或车辆应站在或停在安全线以外，不得强行跨越通过。过无人道口时，应注意观察两侧是否有火车通过，确认安全后方可通过。

2. 不携带易燃、易爆、有毒、放射性、腐蚀性等危险品和管制物品乘车。当出、入站人数较多时，应服从车站工作人员的指挥。

3. 不得在铁路线路 20 米以内或者铁路防护林地内放牧。

第五章 水运交通事故

水运交通事故，是指船舶、浮动设施在海洋、沿海水域和内河通航水域发生的交通事故，如碰撞、搁浅、进水、沉没、倾覆、船体损坏、触礁、浪损、火灾、爆炸、海洋污染等，易引起人员伤亡、造成直接经济损失。

救生衣的使用方法

救生衣又称救生背心，是一种救护生命的服装，设计类似背心，采用尼龙面料或氯丁橡胶、浮力材料或可充气材料等制作而成，一般使用年限为 5 ~ 7 年。

浮力材料填充式救生衣的使用方法

1. 穿前检查救生衣是否存在破损。

2. 把救生衣套在颈上，将长方形浮力袋置于身前，系好领口的带子。

3. 将左右两根缚带分别穿过左右两边的扣带环，绕到背后交叉。

4. 再将缚带穿过胸前的扣带环并打上死结。

充气式救生衣的使用方法

1. 在穿着前检查救生衣、装置与气瓶是否破损。

2. 把头套进救生衣内。

3. 把左右两侧的带子绑成死结。

4. 拉动左右两侧的拉索，充气阀打开，救生衣在数秒钟内充气。

注意事项：有的救生衣仅在一面配置了反光膜，如果把反光膜穿在里面，就发挥不了作用。同时要将缚带打死结，以免跳水时缚带受到冲击或因漂浮时间较长而松开。

遭遇翻船时如何自救

1. 当遇到风浪袭击时，切忌慌乱，保持镇静，不要站起来或倾向船的一侧，应在船舱内分散坐好，尽量使船保持平衡。若水进入船内，你要全力以赴将水排出去。

2. 如果发生翻船事故，你要懂得，木制船只一般是不会下沉的。人被抛入水中后，应立即抓住船舷并设法爬到翻扣的船底上。在离岸边较远时，最好的办法是等待救助。

3. 玻璃纤维增强塑料制成的船翻后会下沉。但船翻后，因船舱中有大量空气，有时能使船漂浮在水面上，这时切忌再将船翻正过来，要尽量使其保持平衡，避免空气跑掉，

并设法抓住翻扣的船只，等待救助。

水上遇险时如何使用信号工具

在江河或海上遇险后，有效地利用各种信号工具，发出求救信号，会增加你获救的可能性。

1. 反射光。利用铁或闪光的金属物，将阳光反射到目标物上。如果阳光强烈，反射光可达 15 公里左右，而且从高处更容易发现。

2. 信号筒。信号筒有白天用和晚上用两种。白天用的信号筒会发出红色烟雾，晚上用的信号筒会发出红色的光柱，燃烧时间一般为 1 ~ 1.5 分钟。白天在 10 公里内能看到信号，夜间在 20 公里内都能看到信号。

3. 防水电筒。利用防水电筒可以在夜间发出信号，但最多只能照射 2 公里左右。

4. 自制信号旗。可将布绕在长棒的顶端作为信号旗使用。

5.海上救生灯。海上救生灯点着后依靠海水来发光，将其浸入海水中可连续发光 15 小时，在 2 公里远的地方都可以发现，该工具寿命为 3 年。

6.铝制尼龙布。铝制尼龙布的反光性强，容易从远处发现，而且也容易被雷达发现。

第六章 轨道交通安全事故

　　轨道交通是城市公共交通运输的一种形式，指运营车辆需要在特定轨道上行驶的一类交通工具或运输系统。地铁是沿着地面铁路系统的形式逐步发展形成的一种用电力牵引的快速大运量城市轨道交通模式，其线路通常铺设在地下隧道内，有的采用在城市中心以外从地下转到地面或高架桥上的铺设方式。虽然地铁对于雪灾和冰雹的抵御能力较强，但是对地震、水灾、火灾和恐怖袭击等抵御能力很弱。一旦发生突发事件，人员疏散和救援均很困难，如处置不当将造成巨大的人员和财产损失，对社会经济和生活造成重大影响。

轨道交通乘坐安全常识

1. 站在黄色安全线后排队候车，确保安全。

2. 按照箭头指示方向上车，先下后上，请勿拥挤。

3. 上车时小心列车与站台之间的空隙，照顾好同行的小孩和老人。

4. 留意屏蔽门和地铁列车门同时开关，及屏蔽门灯和车门灯的闪烁。

5. 小心屏蔽门的玻璃，当屏蔽门指示灯闪烁时请勿上车。

6. 若屏蔽门不能自动开启，请按下绿色按钮，手动拉开，也可到列车两端绿色横杆处的屏蔽门，用手推动横杆即可。

7. 严禁在站台上追逐打闹、滋事斗殴。

8. 当车门正在关闭时，切勿强行上车。

9. 切勿擅自跳下站台，进入轨道、隧道和其他有警示标志的区域。

10. 切勿阻碍车门关闭。

11. 切勿将手提袋、背包或其他个人物品接近正在关闭的车门，以免发生危险。

12. 切勿在非紧急状态下动用紧急或安全装置。

13. 候车时，切勿倚靠屏蔽门。

14. 当车门正在关闭时切勿强行下车。

地铁突发情况的应对指南

追尾怎么办

首先乘客要远离门窗，趴下，低头，下巴紧贴胸前，以防颈部受伤，抓住或紧靠牢固物体，车停稳后观察周围环境自救。

停电怎么办

1. 运行时突遇停电，乘客切忌不可扒开车门离开车厢进入隧道。一般情况下，列车停电后通常还可维持 45 分钟到 1 小时的应急照明和通风。乘客应听从工作人员指示，从指定的车门向外撤离。

2.站台突然停电，乘客在等待工作人员进行广播和疏散时，请原地等候。

3.无其他意外发生的停电时，一般不要拉动报警装置。

在站台遇到毒气怎么办

1.判断毒源，乘客应朝着远离毒源方向逃跑，到空气流通处躲避。

2.乘客应听从工作人员指引，并按照有关注意事项顺利地疏散到安全区域。

3.乘客到达安全地点后，应迅速用流动水清洗身体裸露部分。

地铁车厢内发生火灾怎么办

1.乘客应熟记安全出口，要有逃生意识。乘客进入地铁后，先要对地铁车厢的内部设施和结构布局进行观察，熟记疏散通道安全出口的位置。

2.乘客遇火灾应及时报警。在两节车厢连接处，均贴有红底黄字的"报警开关"标志，箭头指向位置即是紧急报警按钮所在位置。

3.乘客应找灭火器自救。干粉灭火器位于每节车厢两个内侧车门的中间座位下，上面贴有红色"灭火器"标志。

4.乘客切勿砸窗跳车，因为地铁高速运行时，外面风速很大，贸然开门或砸窗，火借风势，将越燃越烈。

地铁遇险后怎么逃到安全区域

🔊车头车尾是逃生通道

如果列车是在隧道内发生火灾等突发事故，车厢中部的乘客应赶往列车的车头和车尾，拉下红色手柄，打开连通车厢与驾驶室之间的紧急疏散门，通过列车车头和车尾部设置的应急逃生门有序疏散。

🔊迎风疏散防止烟雾

当乘客逃出车厢，进入隧道后，应迎着隧道内正压送风的方向向相邻车站徒步疏散，隧道内每隔 80 米也设有应急照明供乘客疏散使用，在进入车站后应迅速疏散至地面，到达安全区域。

🔊要善于利用自救设施

地铁有七大应急设施：火灾手动报警器、自动扶梯紧停装置、站台紧急停车按钮、紧急报警对讲按钮、列车紧急开门装置、屏蔽门紧急开关、列车灭火器。事故发生时，乘客要善于利用这些自救设施。

🔊保持镇定听从指挥

如遇到意外情况导致地铁停电时，乘客不用惊慌。即使无外接动力电源，地铁也不会出现到处黑暗的现象，因为列车及区间隧道、车站都配备有蓄电池可提供紧急照明。

第七章 飞机安全事故

　　"女士们，先生们，我们的飞机很快就要起飞，请您在座位上坐好，系好安全带……"在乘务员的这段广播词中，系安全带已成为乘机时的例行程序。作为飞行安全保障的有效手段，飞机上的安全带与汽车安全带、摩托车头盔一样，绝不是一种摆设。一旦遇到空中颠簸和其他意外情况，安全带能起到一定程度的保护作用，各种手段、各种组织都是为实现航空安全而努力，防止发生与航空器运行有关的人员伤亡和航空器损坏等事故。

登机前后的安全知识

　　乘飞机出行时，乘客尽量避免穿 T 恤、短裤和凉鞋，以免遇到突发事件时被玻璃、金属划伤。此外，乘客最好不要随身携带铅笔、圆珠笔等物品，这些物品在飞机受到冲击时可能会成为致命的凶器。在机场时，乘客要注意自己的行李，以防被陌生人放入危险品，如发生异常情况应立即报警。

　　乘客登机后，首先应该数一数，确认一下自己的座位与紧急出口之间隔着几排距离，如遇飞机发生意外，机舱内烟雾弥漫或者太黑时，也可以摸着椅背找到紧急出口。乘客可根据舱门上的说明，学会紧急出口的开启方法。乘客应仔细阅读前排椅背上的安全须知，认真观看乘务员的介绍和示范，这些知识在逃生时最为有效。同时，乘客也应熟练掌握系上和解开安全带的方法，可以重复几次系上、解开安全带的动作，并关闭手机电源。

认识黑色 10 分钟

　　飞机的"黑色 10 分钟"是指绝大多数空难都发生在飞机起飞阶段的 3 分钟与着落阶段的 7 分钟。事故一旦发生，留给机上旅客的逃生时间远没有 3 分钟这么长。

　　飞机失事一般会有 6 大征兆：①机身颠簸；②飞机急剧下降；③舱内出现烟雾；④舱外出现黑烟；⑤发动机关闭，一直伴随着的飞机轰鸣声消失；⑥在高空飞行时突然一声巨响，舱内尘土飞扬，这是机身破裂后舱内突然减压的表现。

黄金逃生 90 秒

　　飞机一旦发生危险，每个旅客都要尽量保持镇定，听从乘务人员的指示，才能提高幸存率。飞机失事后的 90 秒内是逃生的"黄金"时间，这段时间内尽量要做到以下几点：

1. 航班起飞前，乘务员都会播放安全须知录像，目的是让旅客学会正确使用机上的应急设备和了解应急出口的位置及逃生方法，有助于旅客在紧急情况下正确、迅速地采取有效行动。旅客应仔细聆听，以备在发生意外时有效地采取安全处置措施。舱内每个座椅背后也放有安全须知手册，旅客可仔细阅读。

2. 旅客需按客舱乘务员的示范做好防冲击姿势。成年旅客应身体前倾，头贴双膝，双手紧抱双腿，两脚平放用力蹬地，系紧安全带或两臂伸直紧抓前面座椅靠背。

3. 飞机出现紧急情况并已经着陆时，旅客应充分信任机上乘务员，并听从乘务员的安全指令从相应的逃生口撤离，紧急撤离时要保持冷静，保持客舱秩序。同时，旅客应谨记紧急撤离时不可携带任何行李。因为紧急撤离时间紧迫，此时还从行李箱内取出行李会耽误时间，且拎着行李逃生不仅会堵塞通道，减缓撤离速度，也易挤伤人。

4. 客舱失火出现浓烟，产生的有毒气体危害极大，旅客需谨记不要大声呼叫，打开通风口，这样会加大口鼻对烟雾的吸入。旅客也不要惊慌失措全部涌向飞机的某一部分，这样会使飞机重心失衡，只要离开失火部位 4 排以上座位即可。逃生时，旅客要尽量放低身姿，屏住呼吸，或用湿衣物堵住口鼻，防止有毒气体的吸入，这一点同日常火灾逃生类似。飞机着火严重可能发生爆炸，旅客在离开滑梯后要迅速逃离飞机 100 米以外才会较安全。

5. 旅客应采取正确的跳滑梯姿势。一般成人从滑梯撤离，应双臂平举，轻握拳头，或双手交叉抱臂（也可双手抱头），从舱内跳出落在梯内时手臂的位置不变，双腿及

后脚跟紧贴梯面，收腹弯腰直到滑到梯底，然后站立跑开。抱小孩的旅客要把孩子抱在怀中，坐着滑下飞机。儿童、老人和孕妇也应坐着滑下飞机，滑下梯面的姿势相同。伤残旅客应根据自身的情况坐滑或由援助者协助坐滑撤离。援助者主要包括乘坐飞机的机组人员、航空公司的雇员、军人、警察、消防人员、身强力壮的男性旅客。旅客跳滑梯时必须听从乘务员的口令一个接一个有序往下跳，不可推挤。

　　飞机一旦降落，旅客应尽快走出安全出口，快速远离飞机残骸。如果发现紧急出口已经起火或被浓烟包围，那么旅客就要往有光亮的地方跑。在黑暗中，有光的地方往往就是逃出飞机的通道。旅客逃出飞机后一定要逆风跑，切忌返回机舱拿取贵重物品。

第八章 燃气、煤气安全事故

燃气、煤气安全事故是指由燃气、煤气的泄漏、中毒、火灾和爆炸等引起的造成人员伤亡和经济损失的事件。按事故的性质可分为：泄漏事故、中毒事故、火灾事故和爆炸事故等。

发现燃气泄漏如何处理

当大家嗅到有煤气、天然气、液化气异味时，应做下列处理措施：

1.迅速关掉燃气总阀，打开门窗，加强通风。

2.杜绝一切火种，禁止使用一切电气开关，如开灯等。

3.严禁现场使用电话，应到室外打电话给燃气公司维修。

4.气味散尽后方可回屋内。

5.切勿用火柴或打火机点火的方法寻找燃气管的漏气处。

6.不要在室内脱衣服。人们在穿脱衣服时，会产生静电，特别是混纺、尼龙服装。

发现有人燃气中毒怎么办

救援人员应首先采取个人防护措施，可用湿布、湿毛巾等捂住口鼻，不要穿带钉的鞋以防止走动时产生火星而引起爆炸。然后，救援人员应采取下列措施：

1.立即打开房间门窗，使新鲜空气入内。

2.迅速把中毒人员从有燃气的房间移动到空气新鲜或空气流通的地方，解开中毒人员的衣裤、胸衣、腰带等，保持其呼吸畅通。如中毒人员已无知觉，应将其平放，擦拭口腔并进行人工呼吸，另拨打"120"急救电话。

燃气、煤气的安全使用知识

防范煤气泄漏安全知识

1. 使用燃气、煤气时，一定要有人在灶前看管。

2. 燃气、煤气用具要选用正规厂家的合格产品，并请专业队伍进行规范安装。在使用燃气、煤气热水器时，一定要保持室内通风良好。

3. 在进行室内装修时，不得擅自拆、迁、改造、遮挡或封闭气体管道设施。

4. 使用气体管道的燃具不能和使用其他气体的燃具互相代替，不要在管道上悬挂物品，也不要在管道燃气设备周围堆放杂物和易燃品。

5. 使用燃气或煤气的家庭最好安装可燃气体泄漏报警器。

燃气灶使用误区

1. 认为燃气灶具是通用的。燃气灶根据使用燃气的热值不同，设计的参数也不同，在我国燃气一般分三种：人工煤气、天然气、液化石油气。这三类气体的热值、燃气压力各不相同。同一个燃气灶往往不能乱换气源，因此，大家要根据自身的需求或当地的条件确定选择烧哪种气源的燃气灶。

2. 认为日常只要关闭灶具开关就可以了。安检员在入户安全检查过程中，经常会遇到灶具的开关关闭，而灶前阀门的开关打开的情况。这个阀在表后、灶前，使用天然气后一定要关掉。如果炉具软管脱落、漏气，但灶前阀门关掉了，管线里就没有天然气了。这样可以避免燃气泄漏、气体大量聚集的情况。

3. 燃气灶下做密封式橱柜。现今很多人为了美观，在装修时会选择将气表隐蔽在橱柜下面。这样做有两个隐患：其一，橱柜里储存的食物极容易吸引老鼠钻入，而老鼠会咬坏燃气胶管，导致燃气大量泄漏，发生事故；其二，密封式橱柜易导致灶台下方通风不畅，不仅会造成灶具燃烧时进风不够，气体燃烧不充分，还会让产生的一氧化碳等废气滞留在橱柜内，无法散去。因此，灶台下方的橱柜必须留有足够的换气孔。

4. 燃气连接管没坏就继续用。虽然燃气橡胶管的更换周期是 2 年，但是很多人在日常使用过程中认为只要管子状况良好就不需要更换，其实这种想法是错误的。正确的做法是每 2 年更换一次燃气连接管，预防软管破裂出现漏气情况。

如何检查煤气是否泄漏

1. 任选肥皂、洗衣粉、洗涤剂其中一种，用水调成皂液，涂抹在气管、胶管、煤气表、旋塞开关等容易漏气的地方，尤其是接口处。皂液如遇气体泄露，就会被漏出的气体吹出泡沫。当看到泡沫产生，并不断增多，则表明该部位发生了泄漏。

2. 通过气表判断是否泄漏，在完全不使用的情况下，查看气表指针是否走动，如若走动可判断气表阀门后有泄漏。

3. 使用专门的可燃气体泄漏报警器检查。

注意事项：千万不要用明火查漏。

◉煤气罐着火怎么办

煤气罐爆炸分为物理爆炸和化学爆炸。物理爆炸是当罐体受到高温或剧烈撞击情况下，气罐内气体因膨胀对气罐壁的压力增大，当膨胀超过气罐壁本身最大受力限度时就会发生爆裂。化学爆炸是当气罐、阀门、气管等发生泄漏后，煤气与空气按一定比例混合，当遇到明火或火星等就会发生爆炸。两种爆炸都会产生巨大的冲击波，造成生命伤害、财产损失、建筑毁损等情况。

1. 当家中煤气罐失火时，大家应及时疏散屋内人群，尽快拨打电话报警。

2. 如果煤气罐受热时间较短，可用湿抹布覆盖起火处，并立刻关闭煤气罐阀门；如果煤气罐受热时间较长，则不能马上关闭阀门或使用冷水浇灭，以免引起爆炸，大家应疏散到安全场所等待消防人员赶到现场处置（先对煤气罐进行均匀冷却后，再进行灭火）。

3. 切忌将着火的煤气罐倒放在地上，因为气瓶立于地面燃烧时，无论出口是否装有减压阀，一般不会发生爆炸。

但气罐横卧时，瓶内的煤气会经瓶口流出并迅速膨胀，加之燃烧时产生高温，就有可能导致气瓶爆炸伤人。因此，如果一时不慎把气瓶碰倒，要及时把它竖起来。

注意事项：煤气罐不是永久耐用品，安全使用期限只有15年，在此期间每4年还要进行一次定期检验，以便查出其存在的缺陷。

第九章 ▶ 有限空间事故防范和处置

有限空间是指封闭或者部分封闭，与外界相对隔离，出入口较为狭窄，作业人员不能长时间在内工作，自然通风不良，易造成有毒有害、易燃易爆物质积聚或者氧含量不足的空间。

有限空间作业如何防范事故发生

1. 有限空间作业要严格遵守"先通风、再检测、后作业"的原则，检测指标包括氧浓度、易燃易爆物质（可燃性气体、爆炸性粉尘）浓度、有毒有害气体浓度。

2. 实施有限空间作业前，应当进行风险辨识，分析存在的有害危险因素，提出消除、控制危害的措施，制定有限空间作业方案。

3. 禁止采用纯氧通风换气，未经通风和检测合格的有限空间，任何人员不得进入作业。检测时间不得早于作业开始前30分钟，以保证空气质量达到标准。

4. 作业前必须使用带风筒的风机进行通风15分钟或30分钟以上，并达到检测仪器不报警的标准。如没有检测仪器，可使用活的小鸡进入测试，以保证空气质量达到标准。

5. 作业前必须做好其他有害物质意外进入有限空间的隔离措施。

6. 进入作业人员、监护人员、应急救援人员、现场管理人员必须经过专项安全培训，清楚有限空间作业的风险。

7. 进入作业前，所有相关人员都必须清楚自身的职责、安全注意事项、工作流程、应急流程、应急物资位置和使用情况。

8. 进入人员必须捆安全绳，必须穿戴符合要求的个人防护用品。

9. 监护人员必须时刻关注作业人员的情况，不得离岗、脱岗、串岗，可通过喊话、拉安全绳等方式了解作业人员情况。

10. 作业完毕必须清点人员数量和工具设备数量，防止各类异物留在有限空间内。

11. 有限空间必须设置明显的安全警示标志。

发生事故后如何处置

1. 发生有限空间事故后应立即报警，禁止盲目进入内部施救。

2. 最好通过捆在作业人员腰上的安全绳将遇险人员拉出来。

3. 进入救援人员可佩戴压缩空气呼吸器或长管式空气呼吸器，不得佩戴过滤式的呼吸器。

4. 存在爆炸危险的场所必须穿戴和使用防爆装备。

5. 对昏迷但有心跳和呼吸的遇险者，应及时将其移至空气新鲜处，等待进一步医治。

6. 对无心跳无呼吸的遇险者，应立刻进行口腔清理（抠出嘴内的杂物），并进行人工呼吸（可参照溺水人员施救方法进行施救）。

PART THREE / 第三部分

安全与生活

应急避险知多少 YINGJI BIXIAN ZHI DUOSHAO

第一章 家庭安全

"家"本是每个家庭成员的安全港湾，近年来却成为事故发生的主要场所之一。每个人都应该认识到家庭安全的重要性，了解和掌握家庭安全必备知识，教育家庭成员遵守家庭安全常识，保障维护好家庭安全。

家用电器使用安全常识

1. 不要在煤气炉、燃气灶等附近放置易燃物品，如烟囱通过的窗子为木结构材料时应采取相应保护措施。

2. 在使用电热毯睡觉时，应要拔掉电源；电热毯不要折叠使用，不能直接放于身下，需要在电热毯上放一层薄褥子，以免电热毯发生漏电对人体造成伤害。

3. 不要把电器装置安装在露天或有腐蚀气体的场所。

电器装置与导线连接处应接触牢固，插座附近不要堆积可燃物，特别要注意不能用裸线头代替插头。

4. 各种电热器要按产品说明书正确安装，通电使用时尽量不要离人。防止线路超负荷运行或者短路，不要将电热器直接放在可燃物（木头、塑料等）制成的台板上。

5. 使用微波炉和电磁炉时，要防止线圈受潮短路起火；在烘烤物品时，时间不宜过长。此外，在微波炉和电磁炉附近，切勿放置如塑料、木制品等可燃物。

6. 电视机注意通风散热，收看时不宜在附近放置易燃液体或气体，收看结束应切断电源。如果着火，应用二氧化碳灭火器或用湿棉被等覆盖灭火，切勿浇水。

家庭煤气灶安全操作常识

1. 煤气灶、煤气罐应每天查看使用状况。

2. 每天使用煤气时认真检查是否漏气，每个阀门部件是否安全可靠。

3. 更换煤气罐时一定要接好接头。

4. 操作使用过程中注意安全。

5. 煤气灶、煤气罐发生异常应及时找专业人员进行修理。

6. 每天使用完煤气罐后关好煤气总阀门，并确认无泄漏等异常情况。

7. 清洁煤气灶时应彻底切断煤气源、电源。

在处理煤气过程中，必须严格遵守三大原则：切断来源、不动火、大敞开（通风）。

家庭日常用电安全常识

1. 家里电线和所有电器设备必须有良好的绝缘性，灯头、插座、开关等的带电部分绝对不能外露，严防人体接触带电部分。

2. 购买正规厂家生产的电路保险丝（片）熔断材料，切勿用铜线铁线代替保险丝（片）。

3. 切忌私自乱拉乱接电线、乱接用电设备，用电设备的金属外壳（如洗衣机、电冰箱、微波炉）应有良好的接地，以防漏电。

4. 切忌超负荷用电，电器线路老化、破旧、损坏等要及时修理更换。在安装室内线路或电器设备时，应先拉下进线开关，并验明确实无电后再操作。

5. 日常家电维修时不要用湿手接触开关、灯口、插座等，并教育孩子不要玩弄电器设备。此外，严禁站在潮湿的地面上触碰带电物体或用潮湿抹布擦拭带电的家用电器。

家中发生触电事故如何处理

1. 发生触电事故时，在保证自身安全的同时，救护人应设法使触电者迅速脱离电源。

2. 触电者脱离电源后，救护人应迅速解开妨碍其呼吸的紧身衣服，使其尽快恢复呼吸。

3. 检查触电者的口腔，清理口腔中的黏液和异物，如取下假牙等。

4. 立即就地对触电者进行抢救。如呼吸停止，采用口对口人工呼吸法抢救；如心脏停止跳动或不规则颤动，可进行人工胸外按压法抢救。在触电者未恢复心跳或呼吸时，决不能无故中断抢救。

5. 立即拨打 120 急救电话，或送医院进行急救。

注意事项：千万不能使用任何金属棒或湿的东西去挑电线，以免救护人触电。

人体静电的形成原因、危害及预防措施

人体静电形成原因

1. 当电荷聚集在某个物体上或表面时就形成了静电，静电是一种处于静止状态的电荷。

2. 行走或穿衣都会存在摩擦的过程，这些都有可能产生静电。尤其是天气干燥时，人身上就会带静电。

3. 人们在日常生活里由于穿着、气候、摩擦等原因，常会导致身体积累静电，当突然碰触金属时，就会有遭受电击的疼痛感。此外，如果刻意回避接触铁器，人体身上的电荷可能会积累更多，之后会受到更大的电击。

人体静电的危害

1. 诱发心律失常。当静电的瞬间电压过大时，人会出现燥热、头痛等症状。相对而言，老年人更容易受静电的影响，尤其患有心血管疾病的老年人，静电会导致其病情加重或诱发心律失常。

2. 导致血钙流失。持续的静电会使血液的碱性升高，血清中钙含量减少，尿中钙排泄量增加。

3.引发皮肤炎症。静电吸附了大量尘埃，而尘埃中含有病毒、细菌和有害物质，容易引起皮肤炎症。

4.影响中枢神经。过多的静电堆积在人体内，会引起脑神经细胞膜电流传导异常，影响中枢神经，使人出现头晕、头痛、失眠、食欲不振、焦躁不安、精神恍惚等症状。

5.影响孕激素水平。人体静电堆积过多，对孕妇的健康危害较大，可致孕妇体内孕激素水平下降，易感到疲劳、烦躁和头痛。

如何防止静电的发生

1.干燥的环境，容易产生静电。室内应保持一定的湿度，要勤拖地、勤洒水，或用加湿器加湿。

2.个人要勤洗澡、勤换衣服，能有效消除人体表面积聚的静电。

3.在梳理头发时，如果头发带静电就无法梳理，应将梳子浸入水中片刻，等静电消除之后再梳理。

4.冬天在脱掉衣服之后，可用手轻轻摸一下墙壁，以消除静电。

5.在摸门把手或水龙头之前，先用手摸一下墙，将体内静电"放"出去。

6.老年人应选择柔软、光滑的棉纺织或丝织内衣、内裤，尽量不穿化纤类衣物，以尽量减少静电的危害。

7.个人出门前先洗一下手，或者先把手放墙上抹一下去除静电。同时，大家尽量不穿化纤的衣服。

8.为避免遭受静电击打，可用小金属器件（如钥匙）、棉抹布等先碰触大门、门把、水龙头、椅背、床栏等消除静电，再用手触及。

9. 衣服选择不当，也容易携带静电，特别是贴身衣物。化纤服装跟人体摩擦，很容易起电。所以，应尽量选择穿全棉的内衣，减少静电的产生。床上用品也可尽量选用丝、棉、麻制品。

10. 乘车时常发生静电现象。下车时，可用右手握住车挡手柄，然后用手指碰触下面铁的部位，然后再开车门。乘坐出租车下车时，应提前手扶金属的车门框，消除身上的静电，避免下车时手碰到铁门时放电。

11. 干性皮肤容易产生静电。在冬春等干燥季节，大家要注意保持皮肤湿润，使用保湿霜等，防止静电产生。

12. 尽量远离电视机、电冰箱、空调机等电器，防止感应起电。长时间面对电视机、电脑等强辐射电器后，大家最好用冷水洗手，洗脸，消除人体累积的静电。

13. 大家可常备一个小型喷雾器，如用喷香水的瓶子装满清水备用，一旦静电累积多了，就对着身体喷一喷，增加身体和衣物的湿度，消除静电。

14. 如果知道自己身体可能带静电，一般不要随便去触碰他人，特别是婴幼儿和老年人，以及一些有心脏疾病和高血压的人。如身体带静电但不可避免要触碰他人，自己要先消除静电（可采取前文第4、5条的办法）。

家庭如何防范入室盗窃

入室盗窃常见于生活当中，是一种让人猝不及防的犯罪行为，且经常发生在夜晚。

加固防范设施

1. 在大门外加装经公安机关审批合格的防盗门锁。

2. 最好选用金属或厚木料制作的大门，层板和上方不要留有玻璃窗口，门与框间隙要小。

3. 低楼住户和有可攀登物的民宅窗户及阳台要安装符合国家标准的防盗护栏，护栏不要突出墙体。

4. 底层住宅的围墙上，应加插碎玻璃或安装铁栅，朝天井开启的门、窗须加固和安装底插销。

5. 要剪割清除所有遮盖门窗的灌木丛，修剪所有通往二楼窗户、阳台的树干。

6. 家中的厨房排风扇口和卫生间的通气窗容易给犯罪分子作案提供条件，应加装防撬设施。

7. 有条件的家庭可考虑安装门磁开关、紧急按钮、入侵控测器等家用报警防范装置。

8. 有条件的家庭可安装楼寓对讲电控防盗门（电子猫眼）。

9. 为防止违法犯罪分子从二楼爬入实施入室盗窃，居民不要在距离楼房较近处修盖落水管、暖气及煤气管道等，以免让犯罪分子有机可乘。

增强防盗意识

1. 居民离家外出或离开办公室时，应将门窗关好，上好保险锁，不让犯罪分子有可乘之机。

2. 居民在家中尽量不要存放大量现金及贵重物品，即使存放也应放在不引人注意或不易被发现的地方。居民可以考虑在墙上设置保险箱，收藏体积小又贵重的物品。

3. 存折、贵重物品不要与户口簿、居民身份证放在一起，以防盗贼利用居民证件提取存款或变卖贵重物品。

4. 来访者如果声称是维修、服务人员，居民应首先检查其有关证件或联络有关部门，以确定他们的身份。如果

有危险或可疑情况，居民应马上拨打 110 报警电话。

5. 不要把钥匙放在门前脚垫下面、花盆里，或其他居民自以为安全的地方。

6. 邻里之间要加强联系，留下电话号码，遇可疑情况互相提醒，遇到危险互相帮助。

7. 对首饰和古董等特别贵重的物品，应拍下彩色照片，标上物品的尺寸、规格。同时，把照片放置于安全可靠之处，确保能从特征或记号上，认出自己的东西。

8. 收藏的贵重物品应作好简单记录，把收据或其他证明价值的票据放在安全地方。

9. 搬到新租住处要及时更换新锁，因为以前的住户很可能留有配制的钥匙未交出。

10. 请别人进入家中时，一定要弄清楚来人是谁。如果有什么疑问，居民应马上与其自称的公司联系，搞清楚来访者是否是该公司派来的代表，最好使用自己的手机拨打对方电话簿中的电话号码，尽量避免使用来访者提供的通讯设备。

减少装修污染的简易办法

1. 在施工中采用环保施工工艺，对于工程中使用的人造板材进行饰面、封边处理，以及钉子孔的封闭处理，有效控制有害物质释放。

2. 施工过程中打开门窗，保持通风换气。

3. 装修完工后不要急于入住，应该打开门窗进行一段时间通风，入住后也要注意保证室内有足够的新风量。

4. 入住前，有条件的住户可请通过国家计量认证、具有室内空气质量检测资质的空气环境检测单位对室内环境进行检测，检测结果符合国家室内环境标准时，就可以放心入住。

5. 出现超标现象要及时治理，治理时应请室内环境专业人士进行指导，大家切忌盲目选择治理产品和治理设备。

第二章 ▷ 校园安全

校园安全与师生、家长和社会都有着密切的关系。从广义上讲，校园安全事故是指学生在校期间，由于某种偶然突发的因素而导致受伤的事件。学校是对学生成长过程举足轻重的地方，理应让学生在保护中健康成长，避免受到伤害，这需要学校、家长和学生的共同努力。

PART THREE

校园安全小常识

防磕碰

教室中放置了许多桌椅，所以学生不应在教室中追逐、打闹、做剧烈的运动和游戏，防止磕碰受伤。

防滑、防摔

教室地板比较光滑，学生要注意防止滑倒受伤；需要登高打扫卫生、取放物品时，学生要请他人加以保护，注意防止摔伤。

防坠落

无论教室是否处于高层，学生都不要将身体探出阳台或者窗外，谨防发生坠楼的危险。

防挤压

教室的门、窗户在开关时容易压到手，学生也应当处处小心，要轻轻地开关门窗，同时留意会不会夹到其他人的手。

防火灾

学生不应携带打火机、火柴、烟花爆竹、小鞭炮等危险物品进校园，杜绝玩火、燃放烟花爆竹等行为，寝室里不能点蚊香与蜡烛。

防意外伤害

学生不应随身携带锥、刀、剪等锋利、尖锐的工具，或图钉、大头针等文具，如需使用时必须有老师指导，使用后应妥善存放起来，不能随意放在桌椅上，以防他人受到意外伤害。

校园户外运动注意事项

课间活动注意事项

1. 室外空气新鲜，课间活动应当尽量在室外，但不要远离教室，以免耽误后面的课程。

2.活动的强度要适当，不要做剧烈的活动，以保证继续上课时不疲劳、精力集中。

3.活动的方式要简便易行，如做操、游戏。

4.活动要注意安全，要避免发生扭伤、碰伤等危险。

体育课安全事项

1.体育活动前必须做好充分的准备活动，结束时同样要做好放松整理活动，以防出现伤害事故。

2.短跑等项目要按照规定的跑道进行，不能串跑道。

3.跳远时必须严格按老师的指导助跑、起跳。起跳前，一只脚要踏中木制的起跳板，起跳后要落入沙坑之中。

4.在进行投掷训练时，如投手榴弹、铅球、铁饼、标枪等，一定要按老师的口令进行，令行禁止，不能有丝毫的马虎。

5.在进行单、双杠和跳高训练时，器械下面必须准备好厚度符合要求的垫子，如果直接跳到坚硬的地面上，会伤及腿部关节或后脑。做单、双杠动作时，要采取各种有

效的方法，使双手握杠时不打滑，避免从杠上摔下受伤。

6. 在做跳马、跳箱等跨越训练时，器械前要有跳板，器械后要有保护垫，同时要有老师和同学在器械旁站立保护。

7. 前后滚翻、俯卧撑、仰卧起坐等垫上运动的项目，做动作时要严肃认真，不能打闹，以免发生扭伤。

8. 参加篮球、足球等项目的训练时，要学会保护自己，也不要在争抢中蛮干而伤及他人。

校园安全"八不要"

1. 不要把水往窗外倒。

2. 不要站在窗台上擦玻璃。

3. 不要在打球时戴眼镜。

4. 不要在吃饭时快速奔跑。

5. 不要在下课时追赶推攘。

6. 不要爬围墙进出校园。

7. 不要跑步上下楼梯。

8. 不要聚众打架。

校园欺凌的基本知识

校园欺凌是指在校园内外学生间一方（个体或群体）单次或多次蓄意或恶意通过肢体、语言及网络等手段实施欺负、侮辱，造成另一方（个体或群体）身体伤害、财产损失或精神损害等的事件。校园欺凌多发生在中小学。

◎欺凌的主要表现形式

1. 肢体欺凌：推撞、拳打脚踢以及抢夺财物等，是容易察觉的欺凌形式。

2. 言语欺凌：当众嘲笑、辱骂以及替别人取侮辱性绰号等，是不容易察觉的欺凌形式。

3. 社交欺凌：孤立以及令其身边没有朋友等，是不容易察觉的欺凌形式。

4. 网络欺凌：在网络发表对受害者不利的网络言论、曝光隐私以及对受害者的照片进行恶意篡改等，是容易察觉的欺凌形式。

◎学生在学校应该做什么

1. 穿戴服饰和使用的学习用品，不要过于招摇。

2. 不要去挑衅同学；在学校不主动与同学发生冲突，一旦发生冲突应及时找老师解决。

3. 团结同学，多与同学结伴而行；注意安全，独自一人时不要走僻静、人少的地方；放学不要在路上贪玩，按时回家，不要天黑再回家。

4.学生的学习、生活用具上可贴上姓名。

5.让学生参加自卫训练。如遭遇欺凌时，让学生有自我保护的能力总是好的。

遭遇校园欺凌怎么办

1.寻求帮助：不要害怕向外界寻求帮助的行为会造成更坏的结果，当自我能力无法解决被欺凌的问题时，应该主动积极地将受到欺凌的事情告诉第三方进行求助。通常有很多求助的渠道，常规的求助对象有父母、老师、学校、社会公益组织、执法机关等。

2.保护自己：被欺凌不需要懦弱，需要的是正当合法并且有效地保护好自己，虽然逃避可以解决一时的问题，但却解决不了后续的成长问题。因为性格的养成是众多小事件慢慢积累而成的，切忌养成懦弱胆小的性格。

3.团结同学：最容易受到欺凌的学生大多是孤僻且不能与其他同学很好交流的学生。他们在学校中的存在感很低，不容易得到关注，所以最容易成为被欺凌者。团结同学是指融于一个平等的圈子，而不是降低自己去巴结别人。

4.树立自信：如果学生受到欺凌，不要将被欺凌当做命运，不要自卑，在行为上、思想上强大自己，不畏惧霸凌，但是也不应将强硬反抗作为唯一的手段。

第三章 公共场所安全

公共场所人员高度密集，极易因小的事故、意外而引起大型群体伤亡事故。公众应加强对公共场所安全意识的重视和防范知识的了解，增强自救能力。

公共场所安全基本知识

在公共场所出现混乱局面后，一定要时刻保持警惕，发现有人情绪失常或人群开始骚动时，要做好保护自己和他人的准备。

出现混乱局面的应对方法

1. 发觉拥挤的人群向自己行走的方向涌来时，应该马上退到一边，不要奔跑，保持平衡，千万不要被绊倒。

2. 如果路边有可以暂避的地方，可以暂避一时，切忌逆着人流前进。

3. 遭遇拥挤人流时，不要采用体位前倾或者低重心的姿势，即便鞋子被踩掉也不要贸然弯腰提鞋。

4. 当发现自己前面有人突然摔倒时，马上停下脚步，同时大声呼救，告知后面的人不要向前靠近。

5. 若身不由己陷入人群中，自己一定要先稳住双脚，并尽量远离店铺的玻璃窗。

6. 如被推倒，要设法靠近墙壁，自己面向墙壁，身体蜷缩成球状，双手在颈后紧扣。

7. 如有可能，可抓住一件坚固牢靠的东西，如灯柱之类，待人群过去后，迅速镇静地离开现场。

意外事故发生脱险要诀

1. 参加大规模公众活动时，入场前自己要看清楚出口所在的位置和各种逃生标识。

2. 切记进场地时的通道未必是逃生的最佳通道。

3. 如果是在足球场、舞厅、大型商场等人多的地方，除了出入通道，自己还应事先观察是否有其他逃生途径。

4. 体育场内最安全的地方是球场草地，如果发生意外，自己没有必要一定随人流从进出通道挤出去。自己留在人群后面至少 15 分钟，等人群散去后才离开，是一种相对安全的选择。

5. 如果自己观看的是一场激烈的球赛，双方球迷情绪又比较激动，切记看完球赛后一定除去身上表示所支持球队的任何标识，防止发生冲突。

6. 观看大型演唱会时，自己一定要注意看台的踏板是否牢固，不要和狂热的歌迷们一起站在踏板上，以防踏板不够牢固，造成坍塌事故。

7. 如果大型文体活动现场发生意外事故，不要盲目跟随人群拥挤逃窜，稳定住惶恐心理后，仔细观察周围场地，寻找逃生机会。

如何防范车内财物被盗

随着人们物质生活水平的不断提高，私家车辆也越来越多，很多人也习惯于将一些贵重物品，如现金、高档烟酒、名贵首饰等随意放在车内，殊不知这种行为是非常危险的，不仅会造成车内财物被盗，还可能导致车辆损坏。

1. 开车遇主动搭讪的人切记关闭车窗：很多车主习惯在开车时把所有车窗都打开，并且都开得很大。遇到主动搭讪的人，车主要有防范意识，不要把车窗开得太大。

2. 有情况需要下车时一定要锁车：在发生特殊情况需要下车时，因为嫌麻烦车主一般不会将车辆熄火、锁车，但这很容易给小偷可乘之机，所以下车时必须把车辆熄火，并锁门，不要嫌麻烦。也许就是因为你大意的几秒钟，车

内的物品就被小偷偷走了。

3. 上车前检查车辆周围情况：车主上车前应先检查一下车辆周围的情况，这样不仅可以发现是否有人隐藏在车附近、在车后放砖头或扎轮胎等情况，还可以查看车辆的状况，一举两得。

4. 接送人时记得锁车：去机场或火车站接送人时记得锁车，即使只有几步的距离也要先将车门锁好。因为小偷下手的速度很快，所以车主们不要嫌麻烦，不要给小偷可乘之机。

5. 等后备箱门全部关闭后再上车：不管有多着急，都应等到后备箱门完全关闭后再上车，这样就不会给小偷机会实施盗窃。

6. 锁车后检查是否锁好：停车后很多车主都不会检查车门是否锁好，如果遇到遥控钥匙干扰器，就会被小偷得手，所以建议各位车主养成锁车后检查车门是否锁好的习惯，随手拉一下车门，就可以防范小偷盗窃。

7. 等待加油完毕锁车后再交钱：很多车主习惯在车加油的过程中到加油站室内缴费，觉得这样很有效率，但这时可能早已经被小偷盯上了，他们会在你缴费的过程中进行盗窃。建议车主等车加完油，将车锁好后再去缴费，这样小偷就无从下手了。

独自乘坐网约车的安全指南

近年来，随着互联网的迅猛发展，网约车成为人们外出用车的选择之一。网约车在提供了出行便利的同时，也带来了潜在的危险，特别是对单身乘客。虽然相关部门相继出台了更加严格的准入制度和监管措施，网约车平台也在不断加强运营人员的管理与自查自纠，但是乘客遭遇不幸的事件仍有发生。因此，广大乘客在使用网约车时应提高自身的安全保护意识。

◉乘坐网约车前的注意事项

1. 乘客一定要设置紧急联系人，并且最好是方便联络并可以在第一时间赶到现场的亲朋好友。

2. 乘客出门时，可以随身携带"防狼物品"，出现危险时可以防身使用。

3. 可使用安全性佳的安全定位一键报警 APP：在遇到危险时可以一键报警，还可以开启保护时间。如规定时间内没有输入密码解除保护，它就会自动发送求救信息给你的紧急联系人。

4. 要乘坐正规运营的交通工具，拒绝乘坐无监管的黑

车和平台信息与实际信息不符的网约车等。

乘坐网约车时要做到四个"一定"

1.上车前,乘客一定要核对车辆信息,包括车辆的型号、颜色、车牌号,并将信息告知自己的紧急联系人。如果实际信息和订单信息不符,乘客应拒绝搭乘。

2.乘客一定要告知亲友自己大概的乘车路线,并随时保持联系。

3.乘客应提前查看行程的大概路线,一定要随时注意司机的行驶方向,要求司机按照导航驾驶,避免绕路。同时,自己也要随时打开手机导航,确保路线一致。如果发现司机绕路,自己应及时给司机反映或者立马取消订单要求下车。

4.车程较长或目的地偏僻时,乘客一定要事先给家人朋友打电话,告知亲友车辆信息。自己应尽量找朋友电话

聊天，可以将聊天的语音、电话或视频外放，并提及路程的实际情况。

乘坐网约车时要做到五个"不要"

1. 上车后，不要与司机过多攀谈，以免暴露自己的实际情况，尤其独自居住的乘客要警惕。

2. 上车后，不要坐副驾驶的位置，乘客独自一人打车，坐在司机后排位置较为安全。

3. 不要暴露自己不认识路，上车后可以私下使用地图导航，如果路线严重偏离，一定要立即要求停车。

4. 不要沉迷于玩手机，自己多注意观察司机举止，特别是行驶线路。

5. 不要外露随身携带的钱财。

乘坐网约车时要做到四个"避免"

1. 尽量避免在夜间独自乘车，乘客夜间尽量不要一人外出，夜间出行一定要结伴而行。

2. 避免与陌生人拼车，拒绝司机沿途接人，这样可以降低司机找借口绕远路，实则将乘客载到陌生路段后作案的风险，同样也避免司机寻找作案帮凶。

3. 避免独自一人打车去偏僻、陌生的地方，下车时要选择人多明亮的地方，尽量请亲人朋友在指定地点接应。

4. 上车后保持车窗打开，避免使自己处于封闭的空间里，免遭迷药袭击，便于在异常情况下呼救。

乘坐网约车时的危机处理

1. 发现危险信号时，自己一定要保持冷静，随机应变，

使用一键报警装置。一般的网约车平台也有内置报警装置，也可以使用短信报警，说明地点和情形，发到 12110 ＋ 区号后 3 位就可以报警。

2. 可打开车窗呼救，如果司机不开车门，自己可以向车辆附近的路人求救。上车时要注意车窗是否可以打开，一些车辆的车窗驾驶员可以锁死，往往乘客无法打开。

3. 遭遇歹徒纠缠时，自己要就地取材，利用身边物品保护自己，以智取胜，如靠枕、坐垫、钥匙等。

4. 要勇于反抗，自己可以攻击歹徒胯下、眼睛等脆弱部位，然后看准机会马上逃跑。如果情况允许，可尽量使用手机等留下歹徒不法行为的录音、录像等作为证据。

注意事项：在遭遇歹徒不法侵害时，记住，生命第一。

第四章 旅游安全

　　旅游安全包括旅游活动中各环节的安全，也包括旅游活动中涉及的人、设备、环境等相关主体的安全。旅游安全事故的发生，不仅会影响旅游活动的顺利进行，甚至会危害旅游者的生命和财产安全。因此，加强旅游安全管理和培育公众旅游安全意识具有重要意义。

游乐园安全游玩常识

　　游乐场是孩子的"天堂"。每逢节假日期间，家长都会带孩子去游乐场游玩，也会去乘坐游乐设备。此时，每个游乐场和游乐园的游乐设施是最忙碌的。各位游客外出乘坐游乐设备时都应提高安全意识。

乘坐游乐设施的注意事项

　　1.孕妇、醉酒或者患有心脑血管、颈部、背部疾病等身体不适者,身高或年龄未符合标准者,请勿乘坐游乐设施。

2. 乘坐游乐设备时,请勿吸烟或者携带、食用任何食物或饮料。

3. 遇强风、暴雨、闪电或打雷等恶劣气候时,请不要乘坐室外游乐设备。

4. 14岁以下儿童不宜乘坐过山车、海盗船、太空飞梭、勇敢者转盘等激烈刺激的游乐设施。

乘坐大型游乐设备安全须知

1. 游客在乘坐大型游乐设备前,首先应观察在醒目位置上有无监督检验部门颁发的检验合格证。然后,还要观察游乐设施运营使用单位的安全管理是否规范。如果该游乐场所内部管理混乱,游乐设备极有可能存在严重的安全隐患。

2. 游客应注意观察指示和警示标志,游玩时应认真阅读游客须知。游客应听从管理人员的指挥,游玩中应系好安全带,扣好锁紧装置,观察平安压杠是否压好。

3. 乘坐游乐设施前,游客如发现游乐设施有异常声响、气味、抖动、晃动等情况,应及时离开设备并告知设备管理人员。

4. 游乐设备在运行中,游客千万不要将手、胳膊、脚等身体任何部分伸出设备外,更不要擅自解开安全带、打开安全压杠。

5. 在游乐园游玩时,如果游客因游乐设施发生停运等故障被困在空中或座舱里,千万不要惊慌或乱动,也不要试图采取从空中跳下等危险动作。游客应听从现场工作人

员的指挥，耐心等待救援人员的救助。

6. 使用旋转、翻滚类游乐设备时，游客请务必将眼镜、相机、提包、钥匙、手机等易掉落物品托人保管，切勿带在身上进入游乐设施车厢。

7. 游乐设施到站停车后，游客应在工作人员指挥、引导或帮助下解下安全带和抬起安全压杠。

海边游玩安全注意事项

游泳时间不要过长

海水的温度比气温低，长时间的游泳会使人体体内热量大量散失，一些体质较差的人可能会出现体温调节失衡引起的感冒发烧症状。另外，皮肤长时间浸泡于海水中会导致血管扩张，皮肤供血相对不足，而长期浸泡于水中的四肢则会水肿，严重时会出现表皮脱落的情况。

注意事项：从海水中出来后，如果天气较阴，海风较大，应立即做好保暖措施。

阴雨天气不要游泳

阴雨天气下空气温度不高,海水温度较低,此时去海边游泳可能会出现身体某部位抽筋的情况。此外,阴雨天气游泳的人较少,游泳场地一般都会禁止游泳,这个时候海浪高且急,游客一旦出现意外,难以立即得到救援。

注意事项:在海边游泳时应去正规的游泳场地,不要去一些人烟稀少的沙滩上玩。

游泳前后不要吃饭

游泳前后建议不要吃饭。游泳前不宜吃饭,因为游泳时血液主要集中于运动器官上面,这样会导致聚集于消化道的血液相对减少,从而出现消化不良的情况,同时也会增加游泳时候的负担。游泳后不宜立即吃饭,因为血液的循环运输有一个过程,不可能立即就从运动的状态中缓解过来,所以游泳后立即吃饭也会出现消化不良的情况。

注意事项:游泳后一般相隔一个小时以上才可进食。

心血管疾病患者不宜游泳

有心血管疾病的患者，例如患高血压、冠心病等人群，不宜下海游泳。特别是患冠心病的人群，剧烈的运动可能会使栓塞的血管难以承受剧烈的血流量，导致心脏等一系列与运动相关的器官出现缺血的情况，危及生命。

注意事项：这类患者想要游泳，可以在家人的陪同下去室内游泳馆游泳。

贝壳牡蛎易划伤

退潮时因海水变浅，游客和市民戏水时触及海底礁石的概率增大。海水退潮后，石堆上会有青苔和牡蛎壳。游客到海边赶海、游玩时一定要注意湿滑的青苔和锋利的贝壳，谨防受伤。尤其是沿海各公园的岸边，水下乱石密布，大家切记不要轻易涉水，不要赤脚攀爬礁石。

游客一旦被划伤该如何处置？如果划伤轻微可自己处置，可用生理盐水冲洗伤口，用酒精或者碘伏对伤口进行消毒，伤处应保持清洁干燥。如果有开放式伤口，且伤口较深较大并有皮下组织损伤的，应立即到医院处置，切忌自行处置，如果处置不当易引起细菌感染。划伤严重的伤者还需要注射破伤风针。

强紫外线易晒伤

据美国疾病控制与预防中心（CDC）介绍，只需 15 分钟左右，海边强烈的紫外线就会对人体未经保护的皮肤造成伤害。游客应避免皮肤持续暴露在强光直射之下，同时避免服用光敏性植物和药物。因为人吃了光敏性植物或药物，如果有强光照射，皮肤上吸收或者吸附的光敏性物质就会和日光发生反应，进而使皮肤裸露部分出现红肿或疹子，继而出现日光性皮炎症状。

常见的光敏性植物：主要有香菜、芹菜、茴香、香葱等蔬菜类可食用植物。除了上述蔬菜外，某些水果也具有光敏性，比如柠檬、无花果等。这些蔬菜水果之所以能引发日光性皮炎，是因为它们都含有同一种成分——呋喃香豆素。呋喃香豆素是一种天然的光敏剂，其成分本身不会直接对皮肤造成伤害，但当接触到紫外线 UVA 的照射时，就会产生光敏反应，进而导致皮肤被晒伤。

常见的光敏性药物：主要有磺胺类抗菌药物（如复方新诺明）、噻嗪类降压药物（如氢氯噻嗪）、四环素类抗生素（尤其是多西环素）、喹诺酮类抗生素（如左氧氟沙星）、非甾体消炎止痛药（尤其是酮洛芬）、吩噻嗪类抗精神病药（如氯丙嗪）、感光剂补骨脂素、抗真菌药灰黄霉素和伏立康唑、治疗痤疮的维A酸类等药物。人们在服用这类光敏性药物时，如果只是一天一次服用，医生通常会建议病人睡前服用；如果是一日多次服用，医生一般会嘱咐病人服药后尽量减少外出，避免日光照射，不得已外出时，要注意防晒。

晒伤皮肤的自我修复至少需要两周左右的时间，因此只要精心护理，晒伤后的皮肤会自愈，通常不会留下斑点，也不会留下疤痕。对于严重晒伤导致皮肤出现血疱或者有全身晒伤症状者，一定要及时到医院就诊。

游客应避免在阳光下长时间暴晒，减少中午前后在阳光下的活动。如非到室外不可，游客一定要做好防晒措施，如戴草帽或遮阳帽，打遮阳伞，戴墨镜，穿白色或浅色为宜的长衣衫。

●海蜇易蜇伤

海蜇是海洋常见生物，会通过有毒的触手保护自己。据统计，每年全球共发生1.5亿起海蜇蜇人事件。

游客被海水中的海蜇蜇伤后应立即用手在被蜇处用力揉搓，尽量将留置在皮肤表面的毒液揉搓掉，避免大量毒液进入体内。上岸后，游客可立刻用明矾或者食用醋等涂抹蜇伤处，重者必须到医院接受治疗，切不可大意而丧失最佳治疗时机。在海蜇泛滥时游泳应尽量采用蛙泳方式，眼睛一定要不断地巡视正前方及左右两侧，避开大型海蜇的袭击。

"埋沙"易受伤

许多人去海边玩，总喜欢把自己埋到沙子里，不仅自己这样玩，还带上孩子一起玩。其实这样很危险！如果遇到强烈的涨潮时，整个人会被困在沙坑里无法脱身，更有可能随着退潮的趋势，整个人逐渐陷入沙坑里。

沙子是松散的，在没有水的情况下，它们之间存有空气，可以相互滑动，人在沙子里比较容易挣脱离开。但沙子进了水，情况就马上不一样了，水会把沙子之间的空隙填满，沙粒之间没有了松散的空间，就会把埋在沙子里的人"吸住"——这就是当海水涨潮时，人会被沙子埋住无法动弹的原因。

游客带孩子去海滩玩，请务必要注意：

1. 无论挖什么形状的沙坑，深度不要超过膝盖。

2. 看好孩子，别轻易踩别人挖的坑，因为你不知道沙坑到底有多深。

3. 即使是浅尝辄止的"埋沙"，头部和胸部也要露出来。

4. 无论怎么玩沙，涨潮了要带孩子果断离开。

山中游玩被困怎么办

1. 登山前准备好必要的食物和水。游客登山前应准备一些高能量食物，这样被困时可以维持自己的体力，等待救援。

2. 随身携带指南针等辨别方向的工具，在无人救援的情况下，自救必须要有方向。

3. 准备好药品、止血绷带等物品。游客被困在深山中

可能会遇到皮肤擦伤等情况，要及时处理伤口，以免化脓感染。

4.设法回忆曾经走过的路径，并经原路折回起点。若游客不能依原路折回起点，就留在原地等候救援。

5.不要和队友走散或分头行动，切忌个人英雄主义。若游客决定继续前进，寻路时应在每一路口留下标记。

6.如未能辨认位置，游客应往高地走，居高临下较易辨认方向，也容易被救援人员发现，同时高处的手机信号往往也比较强。

7.保持头脑清晰冷静。如果迷路或被困时，游客一定要保持冷静，不要盲目继续前进，避免使自己的处境更糟糕，以防走出搜救范围，给施救带来更大困难。如果通信畅通，游客应立即报警，根据定位装置报告准确的位置。

8.设置求救信号。如果通信中断无法与外界通讯，游客应尽量选择待在位置高的开阔地。白天，游客可以利用

CD、镜子等反光引起注意；晚上，游客可以生起火堆，用火光传出求救信号。

9.冬季一定要注意保持身体温度。冬季身体快速失温会危及生命，如果游客被困可以就地取材，利用冰雪砌一堵有一定高度的墙，人睡在雪墙内侧。这样不但可以挡风，还可以反射热量。

山中游玩被困如何辨别方向

罗盘（指北针）

罗盘指针指向"北"或"N"，这个方向是磁北方向，与真北方向有一定偏差角度，应计算出磁偏角的数差，以取得准确的方向。

带指针的手表

将手表托平，表盘向上，转动手表，将表盒上的时针指向太阳。这时，表的时针与表盘上的12点形成一个夹角，这个夹角的角平分线的延长线方向就是南方。

北极星

北极星是最好的指北针，北极星所在的方向就是正北方向。

北斗七星

北斗七星就是大熊星座，像一个巨大的勺子，在晴朗的夜空很容易找到，从勺边两颗星的延长线方向看去，有一颗较亮的星星就是北极星，即正北方。

立竿见影

在晴朗的白天，插一根直杆在地上，使其与地面垂直，在太阳的照射下形成一个阴影。把一块石子放在影子的顶点处，约 15 分钟后，当直杆影子的顶点移动到另一处时，再放一块石子，然后将两个石子连成一条直线，向太阳的一面是南方，相反的方向是北方，直杆越高、越细、越垂直于地面，影子移动的距离越长，测出的方向就越准。

树木

树冠茂密的一面是南方，稀疏的一面是北方。另外，通过观察树木的年轮也可判明方向。年轮纹路疏的一面朝南方，纹路密的一面朝北方。

迷途知返

在深山发现迷路时，游客应冷静下来，仔细回忆一下刚才走过的泉水、大树、水流、洞穴、山峰、岔路口等参照物，然后凭着记忆寻找自己的足迹，退回到原来的路线上。

迷路时，游客可根据山势走向和地理地貌，分析判断是否有野生动物，并寻找到其走过的痕迹，沿着"兽道"走出险境，但必须非常警觉，以免遭到野兽的袭击或狩猎者设下的套、夹的伤害。

山中游玩如何避免迷路

1. 游客出发时一定要认真察看地图，看有没有危险地带。

2. 游客出发前一定要对营地周围那些突出的标志物有个清楚的记忆，以便在返回时，能用这些标志物做向导。

3. 当发现自己难以确定方位时，千万不要继续盲目前进，一般情况下此刻并未走远，不会找不到路。如果有地图，先查一查图例，可按图选取某个方向，走到大路或有人烟的地方。从地图上可看清楚前行的路线上有没有障碍，如森林、悬崖、宽阔的河流等。如果前行道路有危险，应另觅路线绕过去。

4. 如果没有地图，应仔细观察周围环境，看见有道路、房屋、电线等，应朝它走去。公路上可能会有行人，输电线和电话线的地方会有人定期巡查，如果遇到，他们会帮你找到该走的路。

5. 如果在雨天迷路，游客不要慌张，可以找个避雨的地方，在原地等待雨过天晴。如果你没有雨具和足够的食物装备，千万不可留在原地，应迅速离开。

6. 如果身处漆黑的山野中，看不清四周环境，游客千万不要继续向前行走，应尽快找个藏身之处，如墙垣或岩石背风的一面。

第五章 食品安全

近年来，食品安全事故时有发生，引起公众普遍关注。但公众在识别有害食物及预防食物中毒方面的能力还有待加强。因此，公众应加强食品安全防范意识，树立正确的饮食理念，养成良好的行为习惯。

哪些食物易引起中毒

🔊豆类食物

1. 豆浆：生活中，有很多人爱喝豆浆，但豆浆中其实含有一种毒性物质，叫作皂素，可能造成恶心、呕吐、腹痛、腹泻等症状。根据验证，豆浆在加热到80℃的过程中会出现许多气泡，很多人误以为豆浆已经煮熟，但实际上这是一种"假沸"现象，此时，豆浆中的皂素还没有完全分解，会造成人体中毒。

注意事项：豆浆在煮沸后，应继续煮5分钟左右。

2. 四季豆、芸豆、黄豆、扁豆等豆类：豆类也含有皂素，未煮熟可造成恶心、呕吐、腹痛、头晕等，通常在食用后的 1 ~ 5 个小时会出现中毒症状。

注意事项：应将四季豆等完全煮透后才食用。

🔊果壳类食物

1. 苹果、梨、桃、杏、李子、梅、樱桃等水果的种子和果核是剧毒物，大量误食后会造成人体中毒，严重时会致人死亡。

注意事项：在吃水果时，家长应专门为儿童去掉果核和种子，或者叮嘱他们不要吃里面新鲜的种子。

2. 白果：又称银杏，不同于开心果，它含有多种植物毒素，儿童及易中毒者不宜食用，多吃会出现呕吐、抽搐等症状，严重时会致人死亡。

注意事项：宜少不宜多。

🔊蔬菜类食物

1. 新鲜黄花菜：不能生食新鲜黄花菜，否则会造成咽干、烧心、口渴、恶心、呕吐、腹痛、腹泻等症状，严重者可出现血便、血尿或尿闭等现象，甚至致人死亡。

注意事项：可将新鲜黄花菜煮熟晒干后食用，干黄花菜是无毒的。

2. 青色或发芽的马铃薯和青色番茄：青色或发芽的马铃薯、没有成熟的番茄中含有糖苷生物碱，食入后的中毒症状为呕吐、腹泻等，还具有神经毒性，严重时甚至会导致死亡。

注意事项：在挑选的过程中要注意。

3. 木薯或竹笋：生的或者没有煮熟的木薯或竹笋含有天然毒素，食用后会导致食物中毒，严重时可致人死亡。

注意事项：木薯应煮透，竹笋切片后煮熟。

4. 小白菜、韭菜、菠菜：腐烂变质的蔬菜，存放在铁器里的隔夜熟菜或腌制时间不久的咸菜，在细菌的作用下，蔬菜中的硝酸盐还原成亚硝酸盐而引起中毒。

注意事项：不食用变质蔬菜、隔夜熟菜、未腌制熟的咸菜。

真菌类、五谷食物

1. 鲜木耳：新鲜的黑木耳中含有一种叫卟啉的光感物质，食用后会导致中毒，而我们日常食用的干货黑木耳经过制作加工和水的浸泡，已去除了卟啉。

注意事项：不要食用鲜木耳。

2. 霉变的甘蔗、大米、小麦、玉米等：发霉的食物要立即扔掉，食物霉变产生的毒素可能会使人神经麻痹、惊厥或因呼吸麻痹而死亡。

注意事项：霉变的食物马上丢弃。

3.野蘑菇：在树上或者野外常会看到各种各样的蘑菇，有许多野生蘑菇在食用后会立即导致中毒。

注意事项：不要随意采摘野外蘑菇类植物，假如食用后产生不良反应，要立即催吐、洗胃，然后到医院就医。

海鲜类食物

1.蛤蜊：过夜的蛤蜊不能微热，一定要热透，否则里面寄生的细菌会导致腹泻等症状。

注意事项：过夜的海鲜不能吃。

2.河豚：美味的河豚一直是人们喜爱的食物。其实河豚的内脏及血液含有剧毒，若不幸中毒应立即抢救，否则会导致死亡。

注意事项：在吃美味的同时也要考虑到它的危害。

日常食品变质简易识别方法

食品变质是我们生活中常见的事。一般来说，粮食变质会"失光"，肉类变质会"变色"，鱼类变质看鱼眼，罐头变质瓶盖凸起，奶类变质会结块，蛋类变质蛋黄散碎。下面介绍几种常见的鉴别食品变质的方法：

从嗅觉判别食物是否变质

1.食品腐败变质会产生异味，如腐臭味。这是因为蛋白质在微生物和酶的作用下，会被分解为有机胺、硫化物、粪臭素和醛等物质，具有恶臭味。

2.酸味或酒味：富含碳水化合物类的食物，在变质时

会产生有各自特征的酸味。因为碳水化合物会分解产生单糖、双糖、有机酸、醇、醛类物质，所以会产生酸味或酒味。

3. 霉味：受霉菌污染的食物在温暖潮湿的环境下常会发霉变质。粮食是霉菌损害最严重的食物，比如我们熟悉的黄曲霉毒素，所以食物发霉后一定要坚决丢弃。

4. 哈喇味：富含脂肪的食物变质，会产生一股又苦又麻、刺鼻难闻的味道，俗称哈喇味。在紫外线、氧气和水分的影响下，脂肪会发生氧化，出现酸败，产生哈喇味。

从视觉判别食物是否变质

当微生物繁殖引起食品腐败变质时，食品色泽就会发生改变，常会出现黄色、紫色、褐色、橙色、红色和黑色的片状斑点或全部变色。这是因为微生物产生的霉菌不一样，所以导致的片状斑点在颜色上会有不相同。

从触觉判别食物是否变质

1. 食品变质，可使组织细胞破坏，造成细胞内容物外溢，食品会变形、软化。

2. 鱼、肉类食品变质，肌肉会变得松弛、弹性差，摸起来发黏等。

3. 液态食品变质，会出现浑浊、沉淀、变稠等现象。

4. 变质的牛奶可出现凝块、乳清析出、变稠等现象，有时还会产生气体，发生涨袋现象。

如何预防食物中毒

1. 养成良好的卫生习惯，饭前便后要洗手。

2. 选择新鲜和安全的食品。注意查看食品性状，判断是否有腐败变质。同时还应查看其生产日期、保质期，是否有厂名、厂址、生产许可证号（QS 号）等标识。

3. 食品在食用前要彻底清洗干净。

4. 尽量不吃剩饭菜，如需食用，应彻底加热。

5. 不吃霉变的粮食、甘蔗、花生米，其中含有的霉菌毒素会引起中毒。

6. 警惕误食有毒有害物质引起中毒。装有消毒剂、杀虫剂或鼠药的容器，使用后一定要妥善处理。

7. 不到没有卫生许可证的小摊贩处购买食物。

8. 饮用符合卫生要求的饮用水。不喝生水或不洁净的水，最好是喝白开水。

食物中毒怎么办

食物中毒一般在餐后少则半小时、多则 48 小时就可发病。中毒严重者可导致死亡，尤其是年老体弱者。对于先后发病、症状相似、又曾食用过同一种食品的人群，应高度怀疑是食物中毒。

亚硝酸盐中毒的急救方法

1.将中毒者置于空气新鲜、通风良好的环境中。

2.用手指或筷子刺激病人的咽喉部引起呕吐。

3.让中毒者大量饮用温水，进行催吐，直至呕吐物为清水，催吐后可适量饮用牛奶以保护胃黏膜。

4.如在呕吐物中发现血性液体，则提示中毒者可能出现了消化道或咽部出血，应暂时停止催吐。

5.中毒严重者可给予吸氧，出现抽搐时可刺激中毒者人中。

6. 中毒者症状减轻后应卧床休息，注意保暖。

扁豆中毒的急救方法

1. 使用人工刺激法，用手指或钝物刺激中毒者咽喉，引起呕吐。

2. 轻度中毒者应多饮盐开水、茶水或姜糖水、稀米汤等。

3. 当中毒者出现脸色发青、冒冷汗、脉搏虚弱时，要马上送医院，谨防休克症状。待中毒者病情好转后，再进食一些米汤、稀粥、面条等易消化食物。

4. 对可疑的有毒食物，禁止再食用，可收集呕吐物、排泄物及血尿送到医院做毒物分析。

注意事项：对中毒者催吐时要避免呕吐物误吸而发生窒息。

细菌性中毒的急救方法

1. 停止食用可疑食品，避免过量食用导致病情加重。

2. 进餐后如出现呕吐、腹泻等食物中毒症状时，可用筷子或手指刺激咽部帮助催吐，排出毒物。

3. 在中毒者意识清醒时，取食盐加开水冷却后一次喝下，多喝几次，稀释毒性。另外，也可将鲜生姜捣碎取汁，用温水冲服。

4. 进餐时间已超过 2 小时，中毒者精神较好，则可服用些泻药，促使有毒食物和毒素尽快排出体外。

5. 卧床安静休息，对呕吐物严格进行消毒处理。饮食要清淡，应食用容易消化的流质或半流质食物。

注意事项：在发生食物中毒后，要保留导致中毒的食物样本或者中毒者呕吐物，以提供给医院进行检测。

第六章 个人信息安全

随着互联网的应用和普及，互联网安全问题日益凸显，大量网民的个人信息泄露与财产损失的事件在不断增加。因此，培养个人信息安全防范意识和提高信息安全防护能力刻不容缓。

常见诈骗手法

通讯网络诈骗之一：仿冒身份

1. **冒充公检法电话**：不法分子冒充公检法工作人员，以事主身份信息被盗用、涉嫌犯罪等理由，要求受害人将其资金转入安全账户配合调查，以此实施诈骗。

2. **冒充亲友**：不法分子在与人视频聊天时，截取对方画面，随后再利用木马程序等盗取对方信息，用视频画面冒充本人与亲友聊天，骗取信任后便以各种理由要求汇款，实施诈骗。

应急避险
知多少

3.冒充公司老总：不法分子进入企业内部通讯群，了解领导及员工之间的信息，再通过伪装微信账号等，冒充领导对员工进行诈骗。

4.冒充秘书：不法分子冒充上级领导秘书身份打电话给下属单位负责人，以推销书籍、纪念币等为由，让受骗单位支付订购款、手续费等，实施诈骗活动。

5.冒充教育、民政、残联等工作人员：不法分子冒充教育、民政、残联等部门工作人员，向市民打电话或发短信，称可以领取相关补助或救助金，诱导受害人通过 ATM 机或其他途径汇款，从而实施诈骗。

6.冒充医保、社保工作人员：不法分子冒充医保、社保工作人员，称受害人账户出现异常，诱骗受害人向所谓的安全账户汇款。

7.伪造特别身份：不法分子伪装成"高富帅""白富美"，通过恋爱方式骗取受害人信任，随即以资金紧张、家人有难等各种理由骗取钱财。

8."猜猜我是谁"：不法分子打电话给受害人，让其"猜猜我是谁"，随后冒充熟人身份，以各种理由向受害人借钱。

通讯网络诈骗之二：以购物退款为由头

1.假冒代购：不法分子以优惠、打折、海外代购等为诱饵，待受害人付款后，又以"商品被海关扣押，要加缴关税"等理由要求继续付款，或索性拉黑受害人不发货，从而实施诈骗。

2.退款：不法分子冒充网店客服，向受害人拨打电话或者发送短信，谎称缺货，要给受害人退款，引诱受害人

YINGJI BIXIAN ZHI DUOSHAO

提供银行卡号、密码等信息，或扫描指定二维码，从而实施诈骗。

3. 网络购物：不法分子开设虚假购物网站，在受害者下单后，便谎称系统故障需重新激活，发送虚假激活网址，让受害人填写个人信息，实施诈骗。

4. 低价购物：不法分子通过发布二手车、二手电脑、海关没收物品等转让信息，以缴纳订金、交易税、手续费等为由骗取钱财。

5. 解除分期付款：不法分子冒充购物网站工作人员，声称银行系统错误，谎称受害人被办理了分期付款等业务，诱骗受害人到 ATM 机前操作，利用英文界面等实施诈骗。

6. 收藏：不法分子假冒拍卖人员，印制邀请函邮寄各地，称将举办拍卖会并留下联络方式。一旦受害人与其联系，则以各种名义收费，要求受害人将钱转入指定账户。

7. 快递签收：不法分子冒充快递人员联系受害人，称其有快递需签收但看不清楚信息，以此套取受害人信息。随后不法分子送货上门，签收后威胁受害人付款，否则将会引来麻烦。

●通讯网络诈骗之三：以组织名义开展各类爱心公益活动

1. 发布虚假爱心传递：不法分子虚构寻人、扶贫、准考证丢失等爱心帖子，利用网民的善良和爱心骗人转发，实则帖子内所留联系方式为虚假电话，甚至还会通过电话或网页套取个人信息。

2. 点赞：不法分子冒充商家发布"点赞有奖"的信息，要求参与者提供姓名、电话等信息。在套取足够的个人信息后，不法分子还会以获奖需缴纳保证金等理由要求受害人汇款。

通讯网络诈骗之四：以巨大利益实施诱惑

1. 冒充知名企业抽奖：不法分子冒充知名企业，印刷大量虚假中奖刮刮卡，投递发送，一旦有人上当，便会以各种理由收取费用。

2. 娱乐节目中奖：不法分子以热播栏目节目组的名义向受害人群发送短消息，称其已被抽选为幸运观众，将获得巨额奖品，随后以缴纳保证金或个人所得税等借口实施诈骗。

3. 兑换积分：不法分子谎称受害人手机积分可以兑换奖品，诱使受害人点击钓鱼链接，一旦点击链接并填写信息，受害人的银行卡号、密码等信息将被套取。

4. 扫描二维码：不法分子以降价、奖励为诱饵，让受害人扫描二维码加入会员或领取优惠，实则附带木马病毒。受害人一旦扫描安装，木马就会盗取受害人的银行账号、密码等个人信息。

5. 重金求子：不法分子以重金求子为诱饵，引诱受害人上当，之后以缴纳诚意金、检查费等各种理由实施诈骗。

6. 高薪招聘：不法分子通过各种途径群发信息，以高薪招聘为幌子，要求受害人到指定地点面试，随后以缴纳培训费、服装费、保证金等名义实施诈骗。

7. 电子邮件中奖：不法分子通过互联网发送中奖邮件，一旦有人上当，不法分子即以缴纳个人所得税、公证费、手续费等各种理由要求受害人汇款。

●通讯网络诈骗之五：虚构险情以帮助化解

1. 虚构车祸：不法分子谎称受害人亲友遭遇车祸，以需要紧急处理交通事故为由，让受害人转账。

2. 虚构绑架：不法分子谎称受害人亲友被绑架，让受害人转账，并威胁不能报警，否则撕票。不法分子通常会选择工作时间给受害人家里打电话，留守在家中的中老年人往往不知所措，容易上当受骗。

3. 虚构手术：不法分子谎称受害人子女或父母突发疾病需紧急手术，要求事主转账方可治疗。受害人往往因为担心、心急便按照不法分子指示转款。

4. 虚构危难困局求助：不法分子通过社交媒体发布病重、生活困难等虚假信息，博取广大网民同情，借此接受捐赠。

5. 虚构包裹藏毒品：不法分子谎称受害人的包裹被查出毒品，要求受害人将钱转到所谓的安全账户以便调查，从而实施诈骗。

6. 合成照片勒索：不法分子通过各种途径收集受害人

照片，使用电脑合成为不良图片，并附上收款账号邮寄给
受害人进行威胁恐吓，勒索钱财。

7. 冒充特定对象：不法分子群发短信，并谎称自己与
对方有特定关系，以怀孕事由骗取钱财，利用巧合性以及
"家丑不可外扬"的心态，逼迫受害者转账。

通讯网络诈骗之六：以日常生活消费实施诱骗

1. 冒充房东短信：不法分子冒充房东群发短信，谎称
房东银行卡已更换，要求将租金打入其他账户。部分租客
不加以核实便信以为真，发现受骗时为时已晚。

2. 欠费：不法分子冒充工作人员群拨电话，称受害人
有水、电、燃气等类型的欠费，让受害人向指定账户补齐
欠费。部分群众信以为真，转款后才发现被骗。

3. 购物退税：不法分子以购物可办理退税为由，诱骗
受害人到 ATM 机上实施转账操作，利用英文界面等实施
诈骗。

4. 机票改签：不法分子冒充航空公司客服，以"航班
取消，提供退票或改签服务"等理由，诱骗购票人员多次
进行汇款操作，实施连环诈骗。

5. 订票：不法分子制作虚假的订票网页，发布虚假信
息，以低价引诱受害人上当。随后以"订票不成功"等理
由要求受害人再次汇款，实施诈骗。

6. ATM 机告示：不法分子在 ATM 机出卡口做手脚，
并粘贴虚假服务热线，让用户使用异常后与其联系，从而
套取密码。

7. 刷卡消费：不法分子以银行卡消费可能泄露个人信

息为由，冒充银联中心或公检法设套，套取银行账号、密码等信息。

8.引诱汇款：不法分子以群发短信的方式直接要求受害人向某个银行账户汇入存款，如果碰到恰巧需要汇款的受害人则很容易上当，其往往不经核实，便轻易相信对方。

通讯网络诈骗之七：采取钓鱼、木马病毒手段

不法分子常会伪装成银行、电子商务网站窃取用户信息、账号、密码等隐私。

1.伪基站：不法分子利用伪基站冒充官方平台向用户发送网银升级、手机积分兑换、抽奖活动等虚假信息和链接，一旦受害人点击链接，便在其手机上植入木马获取个人信息，从而进一步实施诈骗。

2.钓鱼网站：不法分子以网银升级为由，要求受害人登录事先准备好的钓鱼网站，从而获取受害人的个人信息、银行账户、网银密码等信息并实施诈骗。

●通讯网络诈骗之八：提供特定服务

1. 交通处理违章短信：不法分子利用伪基站发送假冒违章提醒短信，受害人一旦点击短信中的链接，即被植入木马病毒，轻则群发短信造成话费损失，重则会被窃取银行卡、电子账户等个人信息，造成巨大损失。

2. 金融交易：不法分子以证券公司名义，谎称有内幕消息并通过互联网、电话、短信等方式散布消息，一旦有人上当，便引导受害人在他们搭建的虚假交易平台上进行操作，以此骗取受害人的资金。

3. 办理信用卡：不法分子通过各种渠道散布广告，称可以为受害人办理高额透支信用卡，一旦受害人相信，便会以各种理由要求受害人缴纳各种费用。

4. 贷款：不法分子群发信息，称可以提供月息低、无须担保的贷款。一旦受害人信以为真，对方即以预付利息、保证金等名义实施诈骗。

5. 复制手机卡：不法分子群发信息，称可复制手机卡，监听手机通话信息，受害人一旦相信，便会被对方以购买复制卡、预付款等名义骗走钱财。

6. 虚构色情服务：不法分子通过各种方式散布提供色情服务的电话，受害人一旦与其联系，不法分子便称需先付款才能提供服务，而受害人一旦汇款，他们便会消失。

7.提供考题答案：不法分子会针对即将参加考试的考生拨打电话或发送短信，称能提供考题或答案，不少考生将钱转入指定账户后才发现上当受骗。

8.刷信誉：不法分子冒充商家发布招聘信息，称帮助卖家刷信誉，可从中赚取佣金。受害人按照对方要求多次购物刷信誉，之后却再也无法与他们取得联系，这时才发现上当受骗。

通讯网络诈骗之九：新型违法类诈骗手法

1.校讯通短信链接：不法分子以"校讯通"的名义，发送带有链接的诈骗短信，受害人一旦点击链接，手机即被植入木马程序，存在银行卡被盗刷的风险。

2.结婚电子请柬：不法分子通过发送电子请帖，诱导受害人点击下载，以此窃取银行账号、密码，手机通讯录等信息，进而盗刷银行卡或者给通讯录中的亲友群发诈骗短信。

3.相册木马：不法分子冒充各种身份，引诱受害人点击电子相册，其中植入的木马病毒便会获取受害人银行账号、密码，手机通讯录等信息。

4.冒充黑社会敲诈：不法分子自称黑社会，恐吓受害人称有人要对其加以伤害，但又称可以破财消灾，然后提供账号要求受害人汇款。

5.公共场所山寨版 Wi-Fi：不法分子设置免费 Wi-Fi 引诱用户连接，受害人一旦连接上，通过流量数据的传输，黑客就能轻松盗取受害人手机里的照片、通讯录、银行账号等信息，从而进一步实施诈骗。

6. 捡到附密码的银行卡：不法分子故意丢弃银行卡，并在其中附上密码，标明"开户行电话"，诱使捡到卡的人拨打电话"激活"，并存钱到骗子的账户上。

7. 账户资金异常变动：不法分子先窃取受害人的网银账号和密码，并通过购买理财产品、贵金属、活期转定期等操作，制造银行卡上有资金流出的假象。然后，不法分子假冒客服骗取受害人信任，称如需退款需要受害人提供自己收到的验证码。此时，受害人一旦提供验证码给对方，其网银里的钱便会被全部转走。

8. 补换手机卡：不法分子先用垃圾短信和骚扰电话轰炸受害人手机，以此掩盖由官方客服发送的补卡业务提醒短信。然后，不法分子拿着有受害人信息的临时身份证去营业厅现场补办手机卡，使机主本人的手机卡失效，以此接收银行短信验证码，从而把银行卡上的钱盗走。

9. 换号了请惠存：不法分子假冒机主给手机里的联系人发短信，声称换了新号码，获得信任后进行诈骗。

如何应对电信诈骗

1. 即使遇到能够说出自己姓名、住址等个人相关信息的电话、短信也不要轻信，需要通过其他渠道核实。

2. 冒充公检法进行调查、冒充航空公司进行退改签机票、冒充亲朋好友进行转账、冒充淘宝商家客服进行退款，此类电话基本为诈骗电话。

3. 陌生短信、邮件、社交工具中发来的链接不要轻易点击，陌生应用不要随便安装。

4. 手机上要安装安全软件，可以有效识别和拦截诈骗电话、诈骗短信、钓鱼网站、木马程序。

5. 不轻易将个人信息留在不熟悉或不正规的机构、网站中，区分网银账号和普通社交账号密码，定期修改密码，谨防信息泄露。

防范电信诈骗做到"三不"

1. 不轻信：不要轻信来历不明的电话和手机短信。不管不法分子使用什么甜言蜜语、花言巧语，都不要轻易相信，自己要及时挂掉电话，不回复手机短信，不给不法分子进

一步布设圈套的机会。

2. 不透露：巩固自己的心理防线，不要因贪小利而受不法分子或违法短信的诱惑。无论在什么情况下，都不能向对方透露自己及家人的身份信息、存款、银行卡等情况。如有疑问，可拨打110求助咨询，或向亲戚、朋友、同事核实。

3. 不转账：学习了解银行卡常识，保证自己银行卡内的资金安全，决不向陌生人汇款、转账。公司财务人员和经常有资金往来的人群，在汇款、转账前，要再三核实对方的账户，不要让不法分子得逞。

老年人如何应对保健品诈骗

近年来，人们的健康、保健意识逐渐提高，越来越多的人将保健品奉为"神药"。一方面是人们相信保健品作为食品的安全性，另一方面是一些具有健康诉求的中老年人无法抵御保健品"包治百病""快速见效"的诱惑。一些不良商家正是看中了这一"商机"，利用价格诱惑、广告吸引、商家促销、销售热情及周边人影响等因素，引诱中老年人购买，

甚至接受会员制、消费返利、预付储值卡等形式，从而被不良商家利用，陷入消费陷阱。

老年人保健品消费诈骗的常见手法

1. 招聘一些具有亲和力的年轻人，上街道进社区向老年人发宣传单，虚假或夸大介绍保健品的功效，并要求老年人留下联系方式。

2. 通过打电话的形式，告知老年人有关于保健方面的免费讲座或可领取免费礼品。

3. 对于到现场的老年人，给予一些小恩小惠，如每人发一个杯子、一包牛奶或大枣、几个鸡蛋。

4. 打感情牌，或以父母相称，或以老乡相识，或为老年人做家务。

5. 组织老年人外出旅游，但大多是在周边游，主要目的就是让老年人与子女隔离，然后进行产品宣传，鼓动老年人购买他们的产品。

6. 召集老年人参与公司活动，安排一些"托儿"上台演示，吹嘘保健品的功效。老年人分辨能力一般比年轻人差，容易上当受骗。

7. 免费体验，拉着老年人体验各种医疗器械。然后，打着免费测血压、测血糖体检的幌子，在体检报告上做手脚，虚构夸大病情，吓唬老年人掏钱治病。

老年人怎样防范保健品骗局

1. 不要听信身边同龄人的吹嘘广告，遇事要保持理智的头脑。

2. 不要有贪小便宜的心理，听信所谓推销员许诺有小礼品赠送的骗局。

3. 在遇到陌生人的亲热照顾和称呼时，要保持一份警惕防骗的心理。

4. 遇到推销人员向你推销产品，要及时与家人沟通，不能随便相信所谓的亲情关照。

5. 拿到推销员推销的药品后，要认真仔细地看清瓶身的说明，上面是否有国药准字类的标识。如果药品介绍栏只有"食"字类的字眼，表示该产品不是药品，只是一种食品类的保健品，并没有治病的效果。

如何防范信用卡诈骗

一般信用卡诈骗都有共同的特点，一旦出现就要提高警惕。

1. 非银行官方号码（有些会通过拨号器模拟银行的号码）来电。

2. 需要提供银行卡、密码、身份证、动态验证码等私

密信息。

3.提出疑问时，对方往往答非所问，抓不到重点。

4.对转账、解冻、提额等业务操作显得着急。

网络盗窃常见的方式

虽然网络是一个虚拟的世界，但网络上的很多事情却是真实生活的体现。在司法实践中的网络犯罪表现有很多，最常见的是网络诈骗、网络侵权，主要方式如下：

1.利用职务之便获得网络用户的个人信息。

2.利用电脑病毒盗取他人电脑内的资料。比如木马病毒、蠕虫病毒等。犯罪分子通过邮件、不明网页链接等方式将病毒植入他人电脑，读取他人电脑内存储的个人资料后实施盗窃。

3.利用诱使的方式窃取他人信息并作技术处理。如称可利用邮件、QQ下载免费软件和图片等，诱使用户点击某链接，从而将键盘记录程序植入用户的电脑中，获取在线

银行的登录名称和密码等信息后实施盗窃。

4.一些网络盗窃公司在网络上发布招募广告，将恶意代码链接到一些热门点击信息上，通过恶意代码被下载的次数，从中获利。

如何防范网络盗窃

中国已迈进互联网时代，众多的网民以网络为平台，构成了一个互联网社会。在这个社会里，网民们以虚拟身份出现，通过网络代码方式进行各项活动。这种以代码为基础的交流方式给了不法分子可乘之机，出现了网络盗窃等新型违法犯罪活动，下面介绍几种防范网络盗窃的方法。

1.倡导以德治网。网上交往的虚拟性，淡化了人们的道德观念，削弱了人们的道德意识。要大力加强网络伦理道德教育，提倡网络文明，提高人们明辨是非的能力，使人们形成正确的道德观。

2. 充分运用防火墙技术。该软件利用一组用户定义的规则来判断数据包的合法性，从而决定接受、丢弃或拒绝，可以通过报告、监控、报警和登录到网络逻辑链路等方式，把对网络和主机的冲击减少到最低程度。

3. 使用正版软件、下载正版程序。在机器上安装正版程序，不使用盗版软件，在网络中下载使用正版合法的软件和程序，能有效防止病毒和木马入侵。

4. 增强防范意识。勿因好奇心点击、登录来路不明的网址，如收到广告信、电子邮件等陌生信息时，不要被其文字吸引，而点选其中所提供的网址和文件，不要安装来历不明的插件。

PART FOUR / 第四部分

自救互救常识

应急避险知多少 YINGJI BIXIAN ZHI DUOSHAO

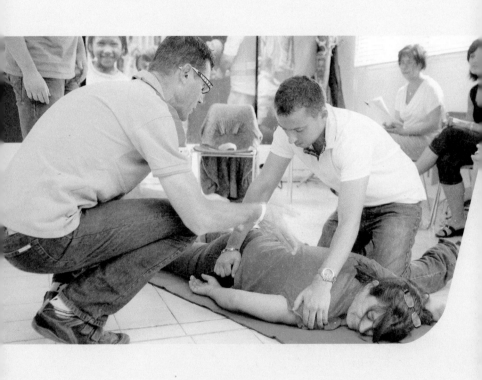

第一章 ▷ 酷暑防范与自救

夏季炎热，常常让人吃不好，睡不着，产生烦躁感。如果不做好防暑措施，人体很容易发生中暑情况，轻者身体不适，严重时有可能危及生命安全。

夏季如何正确防暑

减少室外活动

相比较室外，室内能提供更好的休息、活动场所，肌肤也会免受阳光伤害。同时，大家应尽量避免在午时外出，降低中暑风险。

添置外部装备

如果需在室外工作，大家可以添置一些防晒装备，如太阳伞、防晒服、防晒帽等。

适当化学防晒

日常出门时，大家可在脸、手臂、腿等裸露部分搽一些防晒霜、防晒油，可以帮助反射一部分紫外线，降低紫外线的吸收从而减少伤害。

适当补充水分

由于天气灼热、干燥，空气中温度上升加速了皮肤表面水分的蒸发，长时间不补充水分就可能造成身体脱水、虚弱无力，所以大家应尽量在身边多准备一些水以备不时之需。

使用散热工具

大家可以随手携带扇子或迷你风扇，加速身体表面热量的散发，避免身体温度过高引发中暑。

常备中暑药

大家可在家中或者身上常备一些中暑药物，当感觉身体不适时能够及时处理。比如，可常备一些藿香正气液（水、丸、胶囊）、十滴水、人丹、清凉油等。日常生活中，大家也可用菊花、金银花等沸水冲泡代茶饮，对预防夏日感冒、中暑，均有良好作用。

夏季如何降温

开空调降温

由于人体具有调节温度的功能，如果长期待在空调环境下，室内外骤冷骤热温差过大，会使人体调节功能紊乱。同时，考虑到人体健康因素以及国家对节能减排的要求，夏季室内空调温度不宜低于 26℃，避免室内外温差过大。

挂上湿窗帘

当户外的空气较为干燥时，把窗帘浸湿或在窗口挂上湿浴巾，蒸发的水分会使吹进的微风清凉宜人。窗帘或百叶窗应尽量选择反射性强的白色，可将 45% 的热量阻挡在窗外。

凉水当喷雾

大家可往空香水瓶子里装一些水，然后放在冰箱里。当你感觉浑身大汗淋漓、酷热难耐时，可往手腕上喷射，给流经的血液迅速降温，接着再喷射身体其他部位。

自制"小空调"

如果室内的空气太热，可在电风扇面前放一些冰，随着冰块的融化、蒸发，房间就会变得凉爽。

电扇朝外吹

当一晚上的热量聚集在屋内时，要打开窗户通风降温。最关键的是风扇的扇叶要朝窗外吹，将热风排出、冷风吸进。

偶尔光脚丫

当脚上的汗液蒸发时，脚上的皮肤和血管也跟着"凉快"。

简易米冰袋

找一只棉袜子，里面塞满大米，用麻绳拴紧口子，在冰箱里冷冻 2 小时，上床前用冰袋在凉席上滚动降温。

中暑自救措施

找阴凉处休息

当大家出现头晕、胸闷时，应尽快到阴凉通风处休息，适当补充水分，喝些淡盐水，再使用清凉油点在太阳穴位置。

解开衣扣

当大家出现中暑症状时，应解开身上的扣子和裤带，让身体得到放松、散热。

物理降温

中暑者应时刻监测自己的体温，用湿毛巾擦拭或将冰袋放置于头部、腋下、大腿根部或腹股沟等处。

送医进行治疗

拨打 120 或到就近医院进行治疗。

注意事项：如果中暑者因热射病（中暑）发生不自主抽搐时，不要往其嘴里放任何东西，不要喝水，防止咬伤、呛水；如果中暑者出现呕吐，翻转身体使其侧躺，以确保其呼吸道通畅。

对中暑者如何施救

夏季高温，在室外工作或活动的人很容易发生中暑现象，老弱及产妇中耐热能力差者，尤其容易发生中暑。大家一旦发现有人中暑，应采取以下几种措施：

1.将中暑者转移到阴凉通风的位置，让其平躺，解开衣服的扣子或脱去衣服，这样能够帮助其身体降温。如果中暑者的衣服被汗水浸湿了，应换上干燥的衣服。

2.对中暑者身体降温，如用冷毛巾敷身体，用电风扇对患者进行吹风，用白酒或者是冷水等为患者擦拭身体。

注意事项：此降温属快速降温，当患者体温降到38℃以下时，要立即停止降温，避免对身体造成损伤。

3.给中暑者补充适量的水分，以缓解其中暑症状。同时，在患者的饮料中加入一些食盐或者苏打水。

注意事项：不能急着给中暑者补充大量的水分，否则很容易导致恶心、呕吐以及肚子痛等情况。

4.对症状比较严重（出现昏厥或者是失去意识）的患者实施紧急复苏，掐住其人中以及合谷穴位置，有利于其苏醒。如果中暑者出现呼吸停止的情况，应该进行人工呼吸，并及时送往医院。

注意事项：在搬运中暑者的过程中，一定要选择担架进行运输，不能够让其自己走路，避免病情加重。在送医途中，可用冰袋或者冷毛巾对中暑者的额头、胸口或者是胳肢窝等位置进行物理降温，以保护大脑、心脏、呼吸系统等重要身体器官。

第二章　严寒防范与自救

通常来讲，人体的正常体温有一个较稳定的范围，口腔温度（又称口温）为 36.3 ~ 37.2℃，腋窝温度较口腔温度低 0.2 ~ 0.5℃，直肠温度（也称肛温）较口腔温度高 0.2 ~ 0.6℃。人体通过体温调节系统使产热和散热保持动态平衡，从而维持中心体温在 37℃左右。如果人体体温过低，就会影响健康，甚至危及生命。

如何预防体温过低

1. 注意保暖，穿防寒服。外出时穿防寒服，既能防风，又能防水。因为防寒服具有隔热值高、携带方便等特点，是一种理想的防寒用具。

2. 寒从脚起，鞋子的材料要选透气性能好的，当脚趾有麻木感时，可作踏步运动，促进血液循环。不宜穿硬而紧的鞋子，这样容易妨碍脚部的血液循环，也易发生冻伤。

3. 及时补充能量，可食用高热量的富含蛋白质、脂肪的食物。

注意事项：因酒精和水不能产热，寒冷时不要饮酒。

4. 注意经常活动按摩，尽量减少皮肤的暴露部位，对易于发生冻疮的部位，经常活动或按摩有较好的效果。

5. 增加室内温度，如身体感觉比较寒冷时，开空调和添加其他取暖设备，能快速提高室内温度。

体温过低的急救方法

1. 对低体温者切忌让其昏睡，要不断拍打按摩其周身，持续时间应大于或等于寒冷中所待的时间。

2. 防止低体温者进一步散热。大家应迅速将低体温者移入室内，避风；换去潮湿的衣服，不要让其直接躺于地面，要采取相应的保暖措施。如在室外，条件有限的情况下，可用自己身体暖和低温者。

3. 如果低温者核心体温低于 34℃时，要先进行复温，可用毛毯覆盖身体或移入温暖房间进行一般复温。低温者体温持续降低时，可将热源放在其腰背部、胃部、腋窝、后颈、手腕，因为这些部位的血流接近体表，可及时携带热量进入人体内。

4. 如果低温者的心跳或呼吸骤停，应立即对其进行复苏呼吸。如果低温者无脉或没有监测到循环体征，应立即对其进行胸外按压。同时，应尽快准备转运患者到医院治疗。

如何处理轻度冻伤

轻度冻伤一定要引起重视，因为长时间的病情反复不但会对生活造成影响，也会有病情加重的危险，严重时甚至可能危害到肢体健康，所以大家一定要及时采取治疗措施。如果自行治疗效果不佳，建议到医院进行检查，咨询医生治疗方法，避免病情加重。

1. 每天用温水浸泡患处，浸泡后可用柔软的毛巾对其进行按摩。

2. 冻疮初起时，可每晚用热吹风边吹边揉。

3. 用伤湿止痛膏贴敷局部，对治疗皮肤红肿、自觉热痒或灼痛的轻度冻伤，有良好效果。

4. 千万不要用火烤或者用雪水摩擦冻伤处。

5. 如果冻伤处已经出现溃烂和感染的情况，可用白酒将云南白药药粉调成糊状外敷，或直接撒云南白药药粉于创面，用消毒纱布包扎患处，并注意保暖。

重度冻伤的治疗方法

1. 迅速撤离受冻现场，搬动受冻者时要小心、轻放，以免引起骨折。

2. 用棉被、毛毯或者皮大衣等保护受冻部位，迅速将患者搬入温暖的室内，脱掉潮湿衣物，抬高受损肢体。若受冻者呼吸、心跳停止，应对其进行心肺复苏并及早送往医院。

3. 将冻伤部位置于 40 ~ 42℃温水中。如果手套鞋袜和手脚冻在一起难于分离时，不可强行脱离，以防撕裂皮肤，此时，可连同鞋袜手套一起浸入水中，复温至冻伤区恢复

知觉,皮肤颜色恢复至深红色或紫红色,组织关节变软为止。一般要求在 5 ~ 30 分钟内完成复温。面部可用 39 ~ 42℃的湿毛巾热敷。切记复温要快,温度不能过高。缓慢复温可能加重损害,延迟复温可能影响疗效。

4. 先将受冻者置于 34 ~ 35℃的水中,以防剧烈疼痛和室颤的发生,5 分钟后将水温提高至 42℃,待其直肠温度升至 34℃,呼吸、心跳和知觉恢复,出现寒颤,肢体软化、皮肤较为红润并有热感后,停止复温。

5. 受冻者度过休克期后,可口服热饮料,如茶水、牛奶、豆浆等。

6. 受冻者冻伤后,容易并发感染,可用抗生素治疗。

第三章 溺水的防范与急救

　　游泳虽可强身健体，但也是一项危险的运动，尤其是户外、野外游泳发生溺水事故较多。因此，学习和掌握一定的游泳知识，做好防范工作是游泳前必需的准备工作。

预防溺水的措施

　　预防溺水最关键是要有自我防范意识，尤其是要加强青少年预防溺水的教育和管理。

　　1.无论是成人或青少年，不宜在不熟悉的河流、江湖、水库等地方戏水，特别是不能去比较危险且多次发生溺水伤亡事故的地方游泳。

　　2.不要独自一人外出游泳。即使是成年人也应结伴或多人一块去户外游泳。青少年应在老师或成人的带领下游泳。

　　3.在自己身体状况不佳或生病的情况下，不要游泳。大家要清楚自己的健康状况，四肢容易抽筋者不宜游泳。

　　4.不去非游泳区游泳，儿童不要独自在河边、山塘边玩耍。

5.不会游泳者，不要到深水区游泳，即使带着救生圈也不安全。

6.游泳前要做足准备，带上救生圈。自己下水前应适当活动四肢进行热身，不要贸然跳进水里，以防抽筋。

7.对自己的水性要有自知之明，在水中切忌盲目逞能。潜泳时，自己一定要把握好度，更不能互相打闹，以免溺水。

8.在游泳中如果突然觉得自己身体不舒服，如眩晕、恶心、心慌、气短等，要立即上岸休息或呼救。

溺水时的自救方法

游泳中常会遭遇意外情况的发生，一旦出现抽筋、疲乏、漩涡、急浪等危险时，自己一定要沉着冷静，千万不要乱了手脚，应及时发出呼救信号，并采取自我救护措施。

不熟悉水性者自救方法

1.首先要呼救，争取岸上人员或同伴给予施救。

2.要采取仰卧位，头部向后，让鼻部露出水面呼吸。

3.呼气要浅，吸气要深。深吸气时，人体比重降到比水略轻，可浮出水面。

注意事项：此时，自己千万不要将手臂上举，更不要乱扑乱动，应尽量保持冷静。

水中抽筋自救法

通常来讲，抽筋的主要部位是小腿和大腿，而手指、

164

脚趾及胃部等部位有时也会出现抽筋症状。

1. 当发生抽筋时，自己一定要保持镇静，千万不要惊慌，应马上停止游动，先吸一口气，仰面浮于水面，慢慢向岸边靠去。

2. 若因水温过低或疲劳产生小腿抽筋，可让身体呈仰卧姿势，用手握住抽筋腿的脚趾，用力向上拉扯，使抽筋腿伸直，并用另一腿踩水，另一手划水，帮助身体上浮，连续多次即可恢复正常。

3. 如是大腿抽筋，同样可采用上述拉长抽筋肌肉的办法解决。

4. 若是两手抽筋，应迅速握紧拳头，再用力伸直，反复多次，直至复原。如单手抽筋，除做上述动作外，可按摩合谷穴、内关穴、外关穴。

5. 若是上腹部肌肉抽筋，可掐中脘穴（在脐上四寸），并配合掐足三里穴。同时，还可仰卧水里，把双腿向腹壁弯收，再行伸直，重复几次。

注意事项：抽筋过后，应迅速游回岸边。同时，要防止再次抽筋。

水草缠身自救法

1. 首先要保持镇静，切不可踩水或手脚乱动，否则肢体会被缠得更难解脱或在淤泥中越陷越深。

2. 采用仰泳方式，顺原路慢慢"退回"，或平卧水面，使两腿分开，用手解脱。

3. 若自己无法摆脱时，应及时呼救，寻求别人的帮助。

4. 摆脱水草后，要尽快离开水草丛生的地方。

遇见漩涡自救法

1. 通常来讲，有漩涡的地方一般水面会有垃圾、树叶、杂物在漩涡处打转，应提早发现，尽量避免接近。

2. 若已经接近，切勿踩水，应立刻平卧水面，顺着漩涡边，用爬泳快速游过。

注意事项：因漩涡边缘处吸引力较弱，所以身体必须平卧水面，切不可直立踩水或潜入水中。

疲劳过度自救法

1. 只要自己觉得寒冷或疲劳时，应马上游回岸边。如果离岸较远，应仰浮在水上，休息片刻以保留力气，再游回岸边。

2. 若自身体力不能自救，应举起一只手，放松身体，呼叫岸上人员或其他人员救助。

发现有人溺水时的救助方法

发现有人溺水时，在确保自身安全的情况下应积极施救。

1. 救助者要第一时间拨打 120 电话，同时迅速拨打 110 电话告诉警察有人溺水。拨打电话时要准确告诉 120、110 发生溺水的具体位置，语言尽量简洁。

2. 如溺水周边有其他人在场，应大声呼救"有人落水了"，争取别人共同施救。

3. 可将救生圈、竹竿、木板、绳索等物抛给溺水者，再将其拖至岸边。

4. 可就近利用周围可利用的大树或竹竿，借助外界力量施救。如果没有竹竿，也可选择长树枝（树干）伸长递给救援者。如果人比较多，也可采取手拉手方式进行施救。

5. 若没有救护器材，施救者可入水直接救护。当施救者接近溺水者时要转动他的髋部，使其背向自己，然后拖运。拖运时通常采用侧泳或仰泳拖运法。

注意事项：未成年人（或没有施救能力的人）发现有人溺水，千万不能贸然下水营救，应利用救生器材施救或立即大声呼救、拨打报警电话求救。

对溺水者如何实施急救

对救上岸的溺水者，应采取以下办法实施急救：

1. 迅速清除溺水者口和鼻中的污泥、杂草及分泌物，保持呼吸道通畅，以避免堵塞呼吸道。

2. 将溺水者举起，使其俯卧在救护者肩上，腹部紧贴救护者肩部，头脚下垂，以使呼吸道内积水自然流出。

3. 如溺水者呼吸心跳都有，即将其置于自己屈膝的腿上，让其头部朝下，使劲按压其背部，迫使其呼吸道和胃里的吸入物排出。

4. 如溺水者呼吸心跳停止，应立即进行心肺复苏，胸外按压100次/分，按压30次给2次人工呼吸。心肺复苏要持续进行，不能停顿，直到溺水者苏醒或专业急救人员赶来为止。尤其对儿童，不要轻易放弃进行心肺复苏。

5. 经现场急救的溺水者心跳呼吸恢复以后，要脱去其湿冷的衣物，用干爽的毛毯或衣服包裹全身，让溺水者保暖。

6. 尽快联系急救中心或送溺水者去医院。

第四章 酒精中毒的预防与急救

　　酒精的化学名称叫乙醇，酒精中毒是因摄入过多含乙醇（酒精）的饮料引起中枢神经先兴奋后抑制的失常状态。一般情况可自愈，但遇到情况严重时，可引起醉酒者呼吸中枢的抑制甚至麻痹，而且对肝脏也有一定毒害。

如何预防酒精中毒

　　1. 开展反对酗酒的宣传教育，加强文娱体育活动，创造替代条件。

　　2. 饮酒时不应打乱饮食规律，切不可"以酒当饭"，以免造成营养不良。

　　3. 酒不要和碳酸饮料（可乐、汽水）一起喝，这类饮料中的成分能加快身体对酒精的吸收。

4. 饮酒时养成"饮而不醉"的良好习惯,切勿以酒当药,以解烦愁、寂寞、沮丧和工作压力等。

5. 饮酒后可立即吃些甜点心和水果,糖分可以使乙醇氧化,保持不醉状态。

6. 不要空腹饮酒,在喝酒之前,可先食用油质食物(如肥肉、蹄髈),或饮用牛奶,利用食物中脂肪不易消化的特性来保护胃部,防止酒精渗透胃壁。

酒精中毒的急救方法

轻度酒精中毒者

1. 对饮酒者进行劝导,制止其继续饮酒。

2. 寻找梨子、马蹄、西瓜等水果给醉酒者解酒。

3. 喝绿豆汤、淡盐水等饮料,以冲淡血液中的酒精浓度,加速排泄。

4. 用筷子刺激咽喉的办法引起呕吐反应,将酒等胃内物尽快呕吐出来,但此方法对于已出现昏睡的患者不适宜用。

5. 安排醉酒者卧床休息,注意保暖。此时,应适当提高室温,采取加盖棉被等保暖措施,并补充能量。

6. 如果醉酒者卧床休息后,还有脉搏加快、呼吸减慢、皮肤湿冷、烦躁等现象,则应马上送医院救治。

重度酒精中毒者

1. 立即拨打急救电话,或送醉酒者到就近医院就诊。

2. 对于昏睡和昏迷的醉酒者,以及有心血管疾病的患者,应立即送其去医院检查治疗。在到达医院前,要让醉酒者采取侧卧体位,并注意保持醉酒者呼吸道通畅。

3.当醉酒者无法进行呕吐时，可用手指或筷子刺激醉酒者咽喉，进行催吐。并使醉酒者平卧，头偏向一侧，及时清除呕吐物及呼吸道分泌物，防止误吸和窒息。

4.重度酒精中毒者在医院的治疗多为密切观察生命体征，最好实施心电监护，同时补液、补糖及维持水和电解质平衡，防止并发症的发生。

5.对深度昏迷的醉酒者可以应用纳洛酮促醒治疗，对狂躁醉酒者可以使用安定类药物治疗。此外，还可采用一些中医辅助疗法，如用中药葛根泡水饮用对酒精中毒患者有帮助。

第五章 ▶ 犯罪袭击的防范与应对

遭遇违法犯罪等紧急情况时，保命第一，钱是身外之物。自卫要看准时机，只要有能力和把握，必须做到适时出手且又快、又准、又狠，才能奏效。面对亡命之徒决不犹豫，否则可能会招来杀身之祸。

遭遇违法犯罪等紧急情况时如何实施自卫

1. 首先要尽力反抗。自己只要具备反抗的能力或时机有利，就应及时发动进攻，制服或使作案人丧失继续作案的念头和能力。

2. 尽量抗衡。自己可借助有利地形，利用身边的砖头、木棒等足以自卫的武器与作案人僵持，使作案人短时间内无法靠近，以便引来援助者并给作案人造成心理上的压力。

3. 机智应对。无法与作案人抗衡时，自己可看准时机向有人、有灯光的方向奔跑。

4. 要与作案人巧妙周旋。当已处于作案人的控制之下无法反抗时，自己可按作案人的要求交出部分财物，并采用语言反抗法，理直气壮地对作案人进行说服教育，晓以利害，造成作案人心理上的恐慌。

遭遇绑架、恐吓等暴力事件时如何自救

绑架、恐吓等暴力事件是一种十分恶劣的犯罪行为，对青少年的身心摧残尤为严重。如果自己不慎落入虎口，一定要保持冷静，要善于智斗，见机行事，给自己争取更

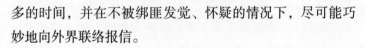

多的时间，并在不被绑匪发觉、怀疑的情况下，尽可能巧
妙地向外界联络报信。

🌀被绑架后的有效自救方法

1. 保持情绪稳定，冷静思考对策，观察周围环境，看
是否有逃脱的可能。

2. 被绑架后要注意寻找求救的机会，经过繁华地区，
设法引起行人注意。如附近有警察、解放军或其他国家工
作人员经过时，自己可适时大声呼救，行动一定要突然果断。

3. 如果地方较为偏僻、四周无人，自己不要盲目地呼
救或与绑匪搏斗。

4. 斗智斗勇，善于同绑匪周旋。自己可以表面装出顺
从的样子，降低其戒心，寻找机会脱身。

5.绑匪问及家庭情况，可告知父母姓名、电话，但对其他情况，如父母及亲属的收入，最好说不知道。当要你给家里打电话时，应设法向家人暗示或透露自己所处的地点和行踪，并尽可能地拖延通话时间。

6.被绑匪关押后，要抓紧观察关押处所及周围的情况，看是否有逃脱的可能，并抓紧寻找可用于报警的途径。如有临街的窗户，可写张说明自己情况的纸条扔下去请过路的行人帮助你报警，也可用硬物试着敲击暖气管、下水道，引起路人注意。

7.设法熟记绑匪的容貌、衣着、口音、特征、车牌号码、车型以及绑匪对话的内容。

第六章 ▶ 如何躲避蛇咬和处理毒蛇咬伤

在野外，人们常常会遇到蛇类动物。如果大家不慎被毒蛇咬伤，必须迅速处理，否则会危及生命。

如何躲避蛇咬

1. 蛇在气温达到18℃以上时才会进入活跃期，一般雨前、雨后、洪水过后的时间段里要特别注意防蛇。

2. 如果去蛇容易出没的地方，比如潮湿的山区时，需要注意穿长衣长裤、高帮鞋子，并把裤脚绑紧，不要有皮肤裸露在外面。进入林区时还要戴帽子，防止被挂在树上的蛇碰到脖子而咬人。走夜路时，要尽量携带照明设备。

3. 蛇的视力很微弱，只能看得清较近的物体，1米以外的物体很难看清，蛇的视觉不敏锐，对于静止的物体更是视而不见，只能辨认距离很近的活动的物体。大家遇到毒蛇后应保持静止不动。

4. 遇到毒蛇追人，千万不要沿直线逃跑，可采取"之"字形路线跑，蛇的肺活量较小，爬行一段路程后，就会觉得体力不支；也可以站在原地不动，面向着毒蛇，注视它的来势，向左右躲避。

5. 蛇的椎体活动因受到一定角度的限制，不能转向掉头，可设法躲到蛇的后面。保证安全的情况下，大家可用登山杖或木棍向毒蛇头部猛击。

6.遇到毒蛇见灯(火)光追来时,应迅速熄灭头灯、电筒,将火把扔掉。

7.如果有雄黄水,可以向蛇身喷洒,蛇就发软乏力,行动缓慢。

注意事项：五步蛇对红外线特别敏感。眼镜王蛇体大凶猛,会主动袭击人,且咬人时紧咬不放,伤后死亡率很高。

常见毒蛇咬伤治疗误区

误区一：用嘴吸毒

影视剧中经常有这样的剧情，"你被毒蛇咬伤了，快，我用嘴把伤口里的毒血吸出来"。那么，真如剧情中那样，用嘴吸出毒血就能获救？其实，民间流传的这些治疗蛇咬伤的急救方法并不科学。

我们的口腔黏膜并不是一个完整的皮肤，它的通透性非常强。当我们用嘴去吸毒血的时候，蛇毒可以通过口腔黏膜直接吸收到血液循环里面，令施救者也中毒。有人说，我不用嘴吸，我用其他方式，比如说拔罐子，或一些吸引器去吸伤口，行不行呢？目前国际上大多数医学研究证明，这种吸引的方式不仅没用，还会造成血管的扩张，使毒液加速扩散。

誤区二：用刀划伤口

还有一种民间的蛇毒急救方法也是很常用的，救治者常常用小刀把伤口以"一"字形或者以"十"字形切开来放血，以减少毒素进入体内。其实给伤口做一个"十"字形切开这个行为本身就会刺激伤口的血管，加速毒素快速吸收。另外，真正已经进入到细胞内的或者是血管内的毒素，很难被挤出去。而我们常用的挤压方法，在往外挤的同时压力也会往里传，更会加速毒素的蔓延。

🔊误区三：冰敷伤口

好多人觉得冰敷对被蛇咬过的红肿的伤口有一定治疗作用，或者能延缓毒素吸收。但是，目前大量的临床研究证明，冰敷对蛇咬伤的伤口没什么用处。所以，在蛇咬伤现场，我们不要在冰敷上浪费时间。

🔊误区四：对伤口使用止血带止血

蛇咬伤的伤口，出血不会大到需要止血带的地步，所以，我们不需要用止血带止血。有的人会说，我用止血带，是想延缓毒素的吸收。但是大量的临床研究证明，用止血带不仅不会减轻中毒的症状，反而还会造成肢体的缺血坏死，所以不建议使用止血带。

🔊误区五：用火烧伤口

影视剧中常常有这种镜头，就是用火烧毒蛇咬伤的伤口来解毒，其实这样做也是错误的。

因为蛇毒很快会蔓延到细胞内和血液中。而火的热度不会一下子深入到蛇毒里面，把蛇毒破坏。事实上，极少有人能够耐受用火把蛇毒咬伤的伤口全部烧焦破坏。这样反而因为火烧，加热了局部，扩张了血管，造成毒素的蔓延。所以，不建议用火烧毒蛇咬伤的伤口。

被蛇咬伤后的正确救治方法

对于被蛇咬伤中毒的患者，首先要让他们不要惊慌，保持静卧状态。蛇毒在体内的扩散，是通过淋巴和血液循环进行的，而血液与淋巴循环的速度与肢体的运动又密切相关。如果剧烈运动，就会促进毒素在体内的扩散。所以对于被蛇咬伤的患者，我们要尽量让他们静卧，避免受伤肢体的活动，减缓血液和淋巴的流动，延缓毒素在体内的扩散。被蛇咬伤后，可以按照以下五个步骤去做：

1. 迅速拨打 120 急救电话。注意，千万不要浪费时间去抓蛇。如果有机会的话，可以抓拍蛇的照片，这样有利于医生分辨蛇的种类，进行针对性治疗。

2. 让患者保持静卧状态，避免受伤肢体活动。

3. 去除受伤肢体上所有紧身的衣物和饰品。过紧的衣服和饰品，可能会造成肢体的缺血坏死。

4. 迅速用大量的清水，或者是肥皂水冲洗伤口，避免毒液继续被吸收进入人体。如果现场有条件，可以使用碘酒或酒精，对伤口进行消毒。

5. 将受伤肢体有效固定。注意，尽量让受伤肢体保持在身体的低位。

总之，蛇毒来势汹汹，非常可怕。而民间又广泛流传着各种不科学的急救方式。所以，我们一定要提高警惕，不要被影视剧所误导，更不能相信网上的一些不实传言。

第七章 被食物呛到了怎么办

　　许多人都有食物被呛进气道的经历。一般情况下，通过咳嗽我们可以把呛进气道的食物咳出来。但如果异物堵住了气管，严重时会造成窒息，甚至导致死亡。那么，如果碰上这样的情况我们应该怎么处置呢?

　　1. 如果食物呛到口腔里，可以轻轻地咳嗽，让气流把食物带出来。

　　2. 如果食物呛到鼻腔里，用手捧一点水，让鼻子浸入水里，闭紧嘴然后轻轻吸气，把水吸入鼻腔，反复两次后做擤鼻涕的动作，鼻内的异物即可随鼻涕排除。

　　3. 鼻腔与咽喉是相通的，吃东西呛入鼻咽部时，鼻腔里有异物刺激到鼻黏膜，会通过打喷嚏方式排出来。另外，

也可以闭住嘴使劲吸气并同时向里做吸痰的动作，这样呛得不深的食物反复试几次就出来了。如果呛得很深，应直接闭上嘴，按住另一边鼻孔，向外擤鼻子，可把食物带出来。

4. 如食物呛进气管造成支气管阻塞，长时间感觉气管有异物，甚至引起呼吸困难和缺氧，应及时前往医院就医。

第八章 被困电梯的自救方法

电梯常常会因为停电、故障原因而停止运行，此时，被困电梯人员一定要保持冷静。可采取以下几种方法实施自救。

1. 被困电梯后一定要尽快按下应急按钮，等待专业人员前来救援。电梯自带的呼叫器连接着机房和中控室，有人接电话后很快就能获救。

2. 如果手机有信号，可拨打急救电话寻求帮助。

3. 可大声呼救寻求帮助。但如果是在新投入使用的电梯或人流比较少的楼层，呼救可能会长时间得不到回应，应注意保持体力。

4.可采用纸条求救。如身上带有笔和纸，可以从门缝递纸条求救。

注意事项：千万不要自行撬门、扒门；电梯天花板若有紧急出口，不要爬出去，避免在漆黑的电梯槽里被缆索绊倒，或因踩到油垢而滑倒，从电梯顶上掉下去；不要做跳跃、攀爬等过激动作。

困梯时拨打应急救援电话并耐心等待

第九章 > 被困车内的处置方法

近年来，随着经济的发展，汽车数量与日俱增，成为人们日常出行的必要工具。由于缺乏相关的自救意识，车辆被困事故已经成为威胁生命的主要凶手之一。因此，学会科学的自救方法是每个人应具备的基本技能。

如何从被淹的车中逃生

如果你的车子掉进了水里，并且你本人被困在车内，此时要果断采取行动，快速从车中逃出。

1. 采取防冲击姿势减少冲击。如果你意识到自己已经驶离路面即将落水，应采取防冲击的保护姿势，将双手放到方向盘位置。

注意事项：车子的冲击会打开车内的安全气囊系统，气囊膨胀几秒左右就可以启动。车内人员一旦避开了车子的冲击影响，应立刻准备下一步自救措施。

2. 汽车落入水中后，车内人员应迅速判断水底情况和水流方向，并估计水深。如果汽车掉入落差较大的水中，应尽量抓住车厢内的固定物，以减少车厢入水时的碰撞。

3. 如果水不深，没有淹没整个车身，这时应等到汽车稳定后，再设法从安全出口处离开车厢。

4. 如果车厢被水淹没或正在下沉，这时切忌着急打开车门。因为此时的水压很大，车内人员难以将车门打开，应用车厢内的安全锤将车窗玻璃敲碎，深吸一口气，然后立即浮出水面。

车窗怎么破？首选侧窗，用安全锤敲或头枕支杆撬。可用安全锤敲打车窗玻璃边缘和四角，尤其是玻璃上方边缘最中间的地方，一旦玻璃有了裂痕，就很容易将整块玻璃砸碎。如果没有安全锤，可拔出头枕，用头枕支杆插入车窗与门板之间的缝隙，然后通过杠杆原理，用力扳动头枕上部就能轻松将玻璃撬碎。

注意事项：前挡风玻璃一般都是夹胶玻璃，在水中几乎无法打破。侧车窗一般是钢化玻璃，容易击碎。

5. 如岸边无人救护而自己神志清醒时，应尽量采用仰卧位，身体挺直，头部向后，这样可使口、鼻露出水面，继续呼吸。

6. 汽车刚落水时，水对车门的压力不大，如果自己有机会可迅速逃离，不要错过这个时机。

注意事项：车门何时容易打开？水到腰部，车内外气压相近时，车门易打开。因为车外的水紧紧压住车门和车窗，而车内还有大部分空气，此时车内外压力相差很大，车门和车窗都不大可能打得开。等待水漫进来到腰部位置，车内外气压相近，车门就可以打开了。

除了门窗还有哪里可逃生？天窗和后备箱。

不少品牌轿车在后备箱设计了一个拉环，将后排座椅放倒，人爬到后备箱内，可启用拉环从车内以机械方式开启后备箱，进而逃生。

此外，绝大部分天窗是电动的，如果车门内电路暂时防水，可及时打开天窗逃生。部分天窗还支持手动开启，一定要事前熟读说明书，用随车配备的六角扳手打开天窗。在没有安全锤的情况下，用破坏的方法打开天窗，难度非常大。

不同人群被困车内该怎么办

成年人车祸被困

1. 保持镇定。发生车祸后，自己千万不能惊慌，一定要保持镇定，这样才能做出正确的应对措施。

2. 检查伤势。车祸后要立即检查自己是否受伤和伤情的严重程度。如果自己有大出血或骨折时，一定不要随意活动，以免伤情加重。

3. 简单处理伤口。当伤情比较轻微时，可以简单地包扎处理伤口，采用简单的止血措施，避免流血过多。

4. 检查车况。车祸之后应尽量检查一下车辆的受损状况，如车门不能正常开启，可开启窗户、车顶和天窗等逃生。

5. 离开车辆。自己可利用破窗锤、破窗器或其他物理工具敲碎玻璃逃生。如果车上没有这类求生工具，可以用灭火器、钥匙等工具敲碎玻璃后逃生。

6. 逃生后应尽量远离车辆易爆炸区，如油箱位置，并抓紧时间报警。

7. 主动求救。当自己受伤导致无法移动或者伤情较重时，应立即向附近人群求救，同时拨打 119、120、122 求助电话。

儿童被困车内

1. 家长要安抚孩子的情绪，尽量让孩子保持镇定。

2. 如果车钥匙在车里，可以指导孩子通过钥匙遥控开锁。

3. 如果其他家人能马上送来备用钥匙，或者能迅速联系到开锁公司，家长可以在车旁等待。

4. 如果不能及时拿到备用钥匙或者开锁，应当及时砸碎车窗玻璃。

5. 家长平时可以教给孩子一些简单的求救方法，如用鸣笛、灯光、开启故障警示灯以及拍打车窗等方式引起周围人注意。

附录一　应急电话号码

火警：119

公安报警：110

急救呼号：120

交通事故报警：122

森林火警：95119

水上搜救专用电话：12395

电话号码查询：114

天气预报：400-600-0121

红十字急救台：010999

附录二 应急避险标识

— 信号标识 —

将碎石或树枝摆成箭头形状指示方向。

用两根交叉的木棒或木头表示此路不通。

信息信号

用三块石头、木棒或灌木平行竖立或摆放表示危险或紧急。

火光信号

燃放三堆火焰，火堆摆成三角形，每堆之间间隔相等，保持燃料干燥。一旦有飞机经过，尽快点燃求救。尽量选择在开阔地带点火。

浓烟信号

在火堆中添加绿草、树叶、苔藓或蕨类植物产生浓烟，潮湿的树枝、草席、坐垫可熏烧更长时间。

旗语信号

将一面旗帜或一块色泽艳丽的布料系在木棒上挥动，左侧长划，右侧短划，做"8"字形运动。

地面信号

利用镜子、罐头盖、玻璃、金属片等反射光线。持续的反射将产生一条长线和一个圆点，引人注意。

反光信号

声音信号

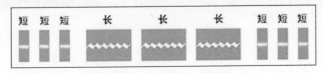

| 短 | 短 | 短 | 长 | 长 | 长 | 短 | 短 | 短 |

道路标识

应急避难场所 ➡ 500m

右转后 500 米

应急避难场所 ⬆ 500m

直行 500 米

应急灭火器

应急厕所

应急通信

应急供电

应急棚宿区

应急饮用水

应急停车 P

应急医疗救护

应急指挥

应急物质供应

气象预警标识

暴雨蓝色预警

寒潮蓝色预警

大风蓝色预警

高温黄色预警

道路结冰黄色预警

寒潮黄色预警

暴雪橙色预警

干旱橙色预警

沙尘暴橙色预警

冰雹红色预警

雷电红色预警

雾霾红色预警